經營顧問叢書 ㉗

客戶管理應用技巧

劉宗易　編著

憲業企管顧問有限公司　　發行

《客戶管理應用技巧》

序　言

　　21 世紀企業成功的關鍵，不再是對產品的關注，要轉移到對客戶的關注。

　　「顧客是上帝」，這句商界的老話已經流傳了幾個世紀。現在，情況並沒有多大改變，只不過你公司的客戶也可能正是其他公司所要費心爭取的。

　　由於技術進步和全球化，你永遠不知道會出現什麼樣的競爭形式，別公司把你的客戶吸引走。

　　例如，亞馬遜公司利用 Internet 進行交易，曾經名不見經傳，卻令圖書零售業的領軍者巴諾書店相形見絀，自愧不如；IBM 受到了新生力量戴爾的挑戰；美國汽車公司受日本和韓國汽車製造商的影響，美國汽車公司目前正蒙受著巨大的損失。

　　面對激烈的市場競爭，我們更加清楚地看到：與客戶建立長期、良好、穩固的合作關係，對於一個公司來說，是多麼重要！你的任何一個疏忽，都可能讓你失去客戶。

西方有句諺語：「客戶是上帝」，其實，客戶不是上帝，上帝是神，是看不到摸索不著的，是不會給企業創造利潤的；**而我們的客戶都是有血有肉，有情感的，更重要的是客戶要消費我們的產品，是給我們企業「送錢」的人，因此，客戶是企業惟一的利潤中心。企業要依靠客戶來生存，客戶不是上帝，而是企業生存、發展的衣食父母**，所以公司要不斷地努力提高客戶忠誠度和客戶盈利性。

以大陸航空公司為例。1994 年末，大陸航空公司已經連續 4 年虧損，平均每年虧損 9.6 億美元。客戶對該公司當時的運營方式有頗多抱怨——不可靠、不整潔，而且經常弄丟乘客的行李。美國交通部按照航班準時起降情況將大陸航空公司排在最後一名，但在 1995 年 3 月，大陸航空公司卻從最後一名躍升為第一名。2000 年，在客戶滿意度調查中，大陸航空公司位列第一。

公司經營，其實就是對內和對外：對外和客戶打交道，對內和員工打交道。前者是做經營，後者是做管理。

一個公司要獲得成功並求得發展，必須充分瞭解你的客戶，知道客戶在眾多的產品和品牌、價格、供應商面前，將作出什麼樣的選擇？

20 世紀 90 年代中期，戴爾公司推行了一種新穎的電子商務商業模式。該公司的策略是不透過任何中間環節（如零售店），而利用 Internet 進行直接銷售，此舉成為 21 世紀初有口皆碑的成功案例。

一個公司的成功與否，幾乎取決於它能否為自己的客戶提供更好的服務或者提供更優質的價值主張。

本書採用的客戶管理方法，證明了公司的穩健發展不僅要領先

客戶的數量和忠誠，而且要依靠客戶的盈利能力。

　　所謂客戶管理，就是在全面瞭解客戶的基礎上進行資源整合和創新服務，為客戶提供最大的價值，滿足其個性化的需求，建立起互信、互利、雙贏的合作夥伴關係。卓越的客戶管理，不僅是維繫客戶的手段，同時也是提升企業核心競爭力的有效途徑。

　　如何瞭解客戶的需求，它是企業戰略，貫穿企業每一部門和經營環節。要瞭解其需求首先要識別客戶、分析客戶的愛好和購買力以及購買慾望，要做到這些，企業應該把客戶作為一項重要資源來管理，只有對客戶資源進行有效的管理，才能使客戶價值得以充分的實現。

　　本書是管理專家的市場運作寶貴心得，解析客戶管理的具體實施步驟、執行技巧，保證為貴企業帶來運作績效！

2017 年 10 月

《客戶管理應用技巧》

目　錄

第 一 章

客戶為主的時代

1 客戶的變化，關注的焦點

21 世紀的商界瞬息萬變，給我們帶來了新的挑戰，也令我們更加確信掌握客戶信息的重要性。從對產品的關注，轉移到對客戶的關注，是 21 世紀的重要發展。如果你不瞭解你的客戶，你的競爭對手會瞭解的！事實證明一切。那些瞭解並管理客戶的公司，由於成本的降低和利潤效益的提高，已經因此獲得了豐厚的回報。

不論公司銷售的是產品還是服務，也不論交易是在與特定客戶間反覆進行，還是只有一次（或許會有跟進服務），不論客戶是不是簽約客戶。客戶價值不僅是 21 世紀商業的充分條件，也是必要條件，日益成為關注的焦點。

表 1-1 21 世紀變化的商業環境

	傳統商業	21 世紀的商業
理念	銷售產品	服務客戶
導向	以市場為導向	以互動為導向
管理規範	產品組合	客戶組合
動力策略	提升客戶滿意度	提高客戶盈利能力
銷售方法	我們能將這一產品賣給多少位客戶？	我們能賣多少產品給這位客戶？
策略結果	銷售最大化	客戶終身價值最大化

1. 市場的變化

時間在推移，世界在變化，市場也不例外，當今市場經濟正在經歷著三大巨變。

(1)客戶正在變化，已經逐漸成為市場的主導

目前，企業在行銷中的挑戰主要來源於市場環境的改變，如經濟全球化使大部份企業都身處同一個競爭舞台之上，資本的自由流動和全球性的生產過剩導致競爭的進一步加劇。在 Internet 時代之前，公司可能有客戶意識，卻不一定以客戶為中心，公司並沒有被迫從客戶著手進行經營。數字信息時代使客戶主宰了一切，客戶掌握著市場主動權，包括企業產品的製造、定價、銷售、發送的方法，並開始形成以客戶為中心的市場格局。

(2)企業競爭日益交匯，已經逼向終端客戶

在產品同質化和粗放式行銷難以奏效的今天，眾多企業正在面臨越來越多的生存壓力，受到生存環境和資源的局限，企業的競爭重心日益前移，注意力更多地趨向於客戶環節。以生產為中心的企業現在

正在急速向以客戶為中心轉變，就連世界一流的產品型公司，如 IBM 公司和英代爾，現在也開始伸手去抓客戶，瞭解他們是誰，並設法建立客戶關係。

(3)突破客戶成為企業的必然選擇，也是企業客戶導向的最後一站

市場中，企業不得不承認，客戶正在駕馭企業的生意，客戶正在告訴企業，他們想怎樣與企業或企業的產品接觸。他們告訴企業，何時需要直接銷售，何時需要透過分銷商、零售商、代理商銷售。企業日子的好壞完全取決於客戶的選擇，客戶決定著企業的命運，成了真正意義上的「上帝」，正在「革」供應商企業的「命」，給企業布下的道路只有一條——突破客戶。

要突破客戶，就必須抓住客戶正在進行的變化。

2. 以客戶的「什麼」為中心

那麼，以客戶為中心究竟意味著什麼呢？我們認為，企業必須重在堅持客戶導向的三大原則。

(1)首先，客戶開始主導市場，即客戶的需求及變化正在重塑企業行銷的商業模式並改變企業的結構。

過去你只生產和銷售產品，現在需要把客戶分級，並要吸引和留住客戶。過去透過增加產量和新開設公司來實現收入增長，現在需要有能力創造高附加值的服務並提供給客戶來實現收入增長。過去僅用每年的收入增長和利潤的多少來衡量一個公司，現在還需要計量客戶價值的增長和客戶的投入。過去投資者僅評估你提供縱向系列產品的能力和獲取利潤的能力，現在需要評估你與他人的合作、共同發展和製造出低價位、高品質產品的能力。

⑵其次，客戶關係非常重要，你現在或潛在的客戶關係、
　客戶支援率將決定你公司的價值。

　　投資者用兩條標準來衡量你的客戶資本：一是你的客戶關係網的
寬度以及深度和你盡可能地維護和拓展這些關係網的投入；二是客戶
資本是所有客戶關係的總和，即你所擁有的關係網的數量、深度和品
質。其中，關係網的深度和品質以創造利潤的能力、客戶保持率和關
係網的盈利能力來衡量。同時，企業應仔細觀察客戶的滿意程度，注
重客戶保留率和每個客戶的貢獻利潤，還有客戶的忠誠度。企業需要
收集、分析客戶行為的各種信息，從中找出最具有長遠效益的客戶。
現在和將來的客戶數量是企業未來財富的重要指示。

　　Internet 網路使客戶擁有更多的選擇機會和更多的決定權，建
立牢固的客戶關係就成了為企業實現未來收益的惟一保證，即企業要
保持客戶的信任和繼續輸送不斷革新的、有價值的商品能力。企業在
核算公司收益時應增加以客戶關係品質為核心的收益——客戶價值
指數。企業應計算每位客戶的平均利潤、有效客戶的數量增長、現有
客戶優質率以及每位客戶的年累計利潤，從而得出公司的客戶支援
率。

⑶最後，客戶體驗非常重要，客戶對你的品牌的感覺將決
　定他們的忠實程度，即客戶的忠實源於消費體驗。

　　每一個客戶在瞭解、獲得、使用以及與他人分享產品和服務時都
積累了經驗，消費體驗是任何一種品牌的精髓所在。滿意的消費體驗
是建立客戶關係的關鍵因素之一，然而客戶的需求越來越多，他們期
望企業提供一連串的品牌經驗，不論是直接與公司接觸或是透過各種
分銷管道(如透過獨立零售商、小商販、經銷商或經紀人)。客戶需要
高品質的、可預見的體驗並希望接觸高品質的產品和服務。

　　每一個客戶群對於客戶體驗都有各自的滿意標準。例如，對思科公司的小商業客戶而言，滿意意味著從分銷商那裏得到所需要的配置系統；對惠普公司的印表機客戶而言，滿意意味著不需要考慮訂貨（惠普公司將為你做好這些）；對於美國半導體公司的設計工程師客戶來說，滿意意味著有能力在 3 小時之內提供一整套的網上服務，包括電路系統的設計、安裝、測試和購買，而不是以前的 3 個星期。

3. 以客戶為中心的企業機制

　　以客戶為中心的理念在企業中要生根發芽，形成客戶行銷業務模式，就要求企業必須建立以客戶為中心的企業制度，這樣才能從根本上保障客戶行銷在企業中的立足與成功，以客戶為中心是市場中社會生產力發展的選擇。

　　在工業革命之前，由於生產力水準極為落後，社會生產只能滿足人們的基本需求，所提供的產品數量少、品質差、品種單一，整個社會生產處於供不應求的狀態。進入工業時代，由於新能源的開發和新技術的採用，使得大規模生產和標準化流水線作業成為可能。這大大提高了社會生產率，整個社會創造出了前所未有的物質財富。社會生產的產量問題得到了解決，但長久發展下去又出現了供過於求的問題，而且大量的標準化生產沒有考慮客戶的差異，所提供產品和服務的種類太少，使得客戶的個性化需求被嚴重壓抑。

　　當人類進入新世紀的信息時代之後，借助電話、網路和無線通信等先進便利的信息技術，客戶能迅速、全面地獲取各種產品和服務的信息，因此客戶的選擇範圍不斷擴大，選擇能力不斷提高，而且選擇慾望也日益增強。同時，由於許多產品的生產已經達到飽和，因此社會生產的重心已經由提高產量轉變為如何滿足客戶的最終需求。客戶作為個體，希望被理解和關懷，希望得到個性化服務。那些最瞭解客

戶、能夠提供客戶需要的產品和服務，並以最方便快捷的方式交付給客戶的企業，將是現代競爭中的贏家。這種社會生產發展的演變，要求當前的企業揚棄以往的企業哲學，在客戶效益的引導下，採取「以客戶為中心」的戰略，強調客戶價值的重要性，盡可能瞭解有關客戶的信息，進行深入分析，然後轉化為知識，進而形成企業競爭的原動力。

以客戶為中心的企業運行機制主要包含五個方面：

其一，是客戶識別機制。即形成分析客戶價值的量化方法，確定能真正給企業帶來價值的客戶。

其二，是客戶細分機制。即客戶群劃分的原則和標準，以及對客戶生命週期的階段劃分等。

其三，是客戶行為分析能力。即掌握、發掘和引導客戶需求，做到客戶的爭取、維護、挽留和增值。

其四，是客戶信息驅動機制。根據對客戶的分析結果，制定相應的決策，以此來驅動企業生產、銷售和市場等其他環節的運轉，最終使得企業達到「完美交付」的目標，即透過正確的管道（直銷或分銷）、在正確的地點和時間、以最方便的形式給客戶提供他們最需要的產品和服務。要實現這一點，現代企業必須建立集成的、高效的客戶關係管理系統，來全面管理企業的客戶資源，並用客戶需求來指導企業整體的經營活動。

其五，是客戶關係管理。客戶關係管理是旨在健全、改善企業與客戶之間關係的新型管理系統，指的是企業利用信息技術，透過有意義的交流來瞭解並影響客戶的行為，以提高客戶招攬率、客戶保持率、客戶忠誠度和客戶收益率等。

在人類社會從「產品導向」時代走向「客戶導向」時代的今天，

客戶的選擇決定著一個企業的命運，因此，客戶已成為當今企業最重要的資源之一。

在很多行業中，完整的客戶檔案或數據庫就是一個企業頗具價值的資產。透過對客戶資料的深入分析，並應用銷售理論中的「20/80」法則將會顯著改善企業的行銷業績。

2 以「顧客」為主的時代

以「商品」為主的時代轉向以「顧客」為主的時代。現在到處都在推行 CS，為什麼 CS(顧客滿意)會如此受歡迎呢？

「CS 經營」，就是由顧客滿意管理(Customer Satisfaction Management)衍生出顧客滿意的經營，也就是以「顧客滿意為經營理念」的經營。

真正的「CS 經營」與以顧客為主題的經營是完全不同的。進一步來說，目前的環境並不像一般人所說的「機會主義」般的樂觀安逸，時代的背景已產生巨大的變化。追溯到一切均以製造「商品」、販賣商品為主的時代，即使當初是以「顧客第一」、「以顧客為重點」、「以顧客為主」的企業，在進入高度成長時代，轉變成大量生產體制後，也不得不以銷售「商品」為優先前提。

以「商品」流動為主，廠商製造的「商品」經由批發商、零售店流向消費者，重要的是如何將「商品」交到下一個人的手中。每個供應商在「商品」脫離自己的手中時，才算完成任務。廠商將商品批發

給批發商，其銷售才算成立；而批發商再賣給零售商後，其銷售才終了。零售商再賣給消費者時，其物流才算完成。當然，電視的宣傳亦擔任其中的一部份任務。

換言之，「商品」第一，將重點放在「商品」上，整個社會以「商品」為主而運轉。以辭彙來表現亦是如此，「製造」、「販賣」、「物流」、「促進販賣」、「推銷員」等用語反映了此種為了銷售而以「商品」為主體的觀念。

時代亦隨著「商品」而變遷。在物資缺乏的戰後復興期，重點放在於製造「商品」；而 30 年代的成長期，則是追求「商品」量產的滿足。從高度成長期經過石油危機，對「商品」的要求已由量轉向質的變化，並且要求品質，甚至以其附加價值來競爭。50 年代的後半期則是「商品」本身及製造商品公司形象的競爭為一大問題。

圖 1-1 良性循環

圖 1-2　以服務為基礎的堅強組織體制(CSM)

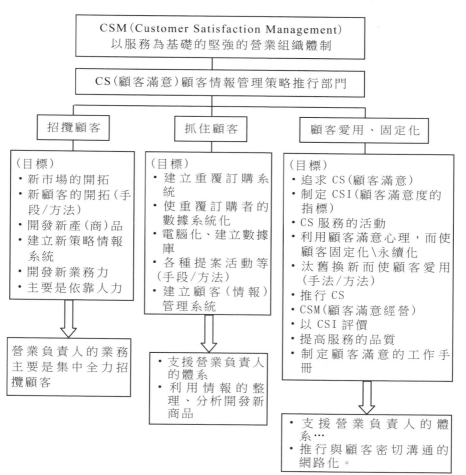

當然，經營手法若仍採用目前這種以「商品」為主體的構想，則已不適用了。今後並不只是「商品」而是「顧客」，「顧客滿足感」、「心靈充實感」才是真正須努力達成的目標。一切活動均由此做起，這也是為什麼在此積極提出 CS 的真正理由。

CS 是「以對顧客的服務為第一優先考慮，並提供顧客滿意的服務。」這與「機會主義」經營者所說的「以顧客為中心」是截然不同的。忽視顧客的公司是沒有前途的。如果公司一直未察覺到此種惡劣的態度，不儘早作改善的話，就為時已晚了。

CS 的理念從根本上就與此不同，因為 CS 是以顧客為基礎，企業應從「滿足顧客的要求或慾望，究竟應做些什麼？且應如何做？」的觀點，來安置每個工作人員。為使工作人員有效率地工作，應有系統地進行，召集負責人員及支持的人員共同推展，這才是一種為顧客而設立的組織。

面臨「市場成熟」的時代，在「汰舊換新、增加購買」的市場中，將競爭對手的客戶視作「新顧客」，而「爭奪」此客源是具有非常大的意義。

從「開發顧客」到「維繫顧客」到「為顧客所愛用並使顧客固定下來」一連串的流程，以「良性的循環」來表現。我們不應只將客戶視為顧客就算了，而必須確定各「開發」對策、「維繫」對策、「愛用、固定化」對策，並謀求擬定使其互動與循環的策略。

3 先從瞭解客戶開始

進行客戶管理，必須先從瞭解客戶開始。客戶不一定是產品或服務的最終接受者，對處於供應鏈下游的企業來說，他們是上游企業的客戶，可能是一級批發商、二級批發商、零售商或物流商，而最終的接受者是消費產品或服務的個人或機構。

一、你的客戶是誰

客戶不一定是用戶，處於供應鏈下游的批發商、零售商是製造商的客戶，只有當他們直接消費這些產品或服務時，他們才是上游生產商的用戶。

客戶不一定在公司之外所謂的「內部客戶」，日益引起企業的重視，它使企業的服務無縫連接起來。因為人們習慣於為企業之外的客戶服務，而把企業內的上、下流程工作人員和供應鏈中的上、下游企業看作是同事或合作夥伴，而淡化了對他們的服務意識，造成服務的內外脫節和不能落實。

因此，在現代的客戶管理觀念的指導下，個體的客戶和組織的客戶都統稱為客戶，因為無論是個體或者組織都是接受企業產品或服務的對象，而且從最終的結果來看，「客戶的下游還是客戶。因此客戶是相對於產品或服務提供者而言的，他們是所有接受產品或服務的組織和個人的統稱。

　　客戶可以是組織內部的或外部的。也就是說，客戶不僅存在於組織的外部，也存在於組織的內部。按全面品質管制(TQM)的觀點，「下一道過程」就是「上一道過程」的客戶。因此，對客戶的理解應是廣泛的，不能僅僅理解為組織、產品或服務的「買主」。

1. 內部客戶

　　作為一個組織，總是由若干人組成的。在通常情況下，特別是組成組織的人數超過一定數量時，組織內部又要形成相應的部門或機構。組織在運行中，如產品的生產，又會形成若干個環節或過程。於是，在一個組織中，人與人之間、部門與部門之間、過程與過程之間也就形成了供方與客戶的關係。提供產品者就是供方，接受產品者就是客戶。例如：某工廠的設計部門提供技術規範就是一種產品，其接收者——生產部門就是客戶；甲工廠生產的零件提供給乙工廠，乙工廠就是甲工廠的客戶。

　　不要以為內部客戶就是客戶。對於企業管理體系來說，只有一個環節連一個環節，一個過程接一個過程，這樣緊密相連不出問題，並使內部客戶滿意，才能使其有效地運轉，也才能保證最終產品或服務的品質，從而使上部客戶滿意。

2. 外部客戶

　　指組織之外的組織或個人。一般情況下客戶滿意就是指外部客戶滿意。客戶滿意的管理戰略，其立足點也是針對外部客戶的。

　　按產品接收的環節，外部客戶可以分為中間客戶與最終客戶；按是否已經接收產品，可以分為現實客戶與潛在客戶。

3. 內部客戶的滿意，應以外部客戶的滿意為前提

　　組織內部的人員、部門或單位以及環節或過程，都應保證自己的內部客戶滿意，但是，組織內部客戶的滿意或不滿意，又應以外部客

戶的滿意與否為前提條件、為最高標準。要防止那種為了讓內部客戶滿意而犧牲外部客戶滿意的傾向和現象。

二、客戶的範圍

客戶是企業最寶貴的資源，是企業的生存和發展的基礎。管理大師德魯克曾說過：企業管理的本質就是創造客戶。歸根溯源，企業所做的一切，其目的都是為了爭取客戶。對於客戶關係管理，首先要界定客戶的內涵，認清客戶的範圍。

1. 狹義的客戶

對於一個企業來說，客戶一定是企業產品或服務的購買者，但可能是產品的使用者，也可能不是產品的使用者。原因在於客戶的購買目的不同，有的是為了自用，有的則不是。如商業性採購者，就是為了進一步轉賣產品，從買賣差價中獲取利潤，他們是企業的關鍵客戶，卻不是企業產品的使用者。當然，這個概念不同於消費者或最終用戶，消費者是一個廣義的概念，泛指市場上各種產品或服務的使用者，可以說，每一個人、每一個社會群體都是消費者，因為他們都需要購買和使用某些產品和服務。

韋氏英語詞典對「Customer」的定義為：one that purchases a commodity or service，即客戶就是那些向企業購買產品或服務的一方，包括個人或組織客戶。企業因為這些購買其產品或服務的客戶而得以維持其生存。但在中文裏，對「Customer」有兩種翻譯，即「顧客」和「客戶」，前者主要指「逛商場的人」；後者的意義則要廣泛得多。

2.廣義的客戶

隨著時間的演進,目前對「客戶」一詞已有較為廣泛開展的解釋,除了一般企業所認知的顧客外,還包括供應商(suppliers)、企業主(owners),合作夥伴(partners)、內部員工(employees)。這些群體與原有的顧客概念相結合,就構成了一個完整的廣義的「客戶」概念。

合作夥伴、企業主、供應商、企業內部員工、以及原有的狹義客戶都成為廣義上的「客戶」含義的組成部份。應該說,這種「客戶」內涵擴大化的觀點有其合理性,事實上,分銷商、供應商以及企業的合作夥伴都向企業購買或是銷售產品,都存在著交易現象,自然應視為企業的客戶。對於企業內部員工,也有企業將其視為企業內部客戶,按照客戶關係管理原則進行管理,但是本書中的觀點是,企業內部員工的管理屬於企業人力資源管理的調整的範疇。因此考慮到 CRM 市場的實際狀況以及人們對概念的實際接受程度,本書所討論的「客戶關係管理」中的「客戶」是指產品或服務的購買者和最終用戶,包括現實客戶以及企業需要去尋找和發現的潛在客戶。

心得欄

_____

4　客戶的分類

客戶是企業最珍貴的資源，建立一個成功的利潤創造系統，有賴於吸引住長期一再重覆購買的客戶。企業目前實現的大多數利潤來自現有客戶群而非潛在消費者，他們將「貨幣選票」投向該企業是因為信任該企業的產品或服務，這種信任的維持是雙向的。企業如果不給予足夠重視，把主要精力放在征服新客戶上，會使許多老客戶因感覺沒有受到企業的良好對待「憤」而「跳槽」。

一、按客戶購買目的和規模劃分

1. 個人購買者

個人購買者，指那些為自己或家庭消費而購買商品的人，其購買的目的是為了自用，而不是進一步轉賣。因此，他們主要是購買生活用品，有時也購買一些工業用品。受個人購買動機、經濟條件、生活方式、社會文化、年齡和個性等因素的影響，他們的購買行為往往表現不同的模式。

2. 中間商客戶

中間商客戶是指那些購買商品是為了轉賣或出售而牟取利潤的個人或組織購買者。主要包括批發商、零售商、租賃企業和代理商等。其購買目的是為了在買與賣的差價中賺取利潤而不是為了自用，這就決定了其購買行為及作用與個人客戶不同。由於中間商賺取的單位利

潤很少，要依靠多購多銷取得更多利潤，這就決定了他們往往是大批量購貨，所以對企業產品的銷售來說關係重大。特別對於生產、經營生活用品的企業，因為難以面對大量的、分散的生活用品消費者，對中間商的銷售網路依賴性很強。所以，往往把各種中間商作為最主要的客戶，而不是產品或服務的最終使用者。

此外，由於中間商的購買活動以贏利為目的，並且承擔著巨大的資金，以致面臨破產的危險。所以他們的購買行為與個人客戶不同，是一種理智性的購買行為。

3.企業用戶

企業用戶是指購買產品或服務並用於進一步生產或服務的生產組織或個人。購買各種生產設備、工具、原料和配件，是為了通過生產和出售自己的產品以取得利潤。雖然同個人客戶一樣，他們既是購買者，又是使用者，但他們的購買動機不同於個人客戶。他們不是為了轉售而是用於生產性消費，所以，他們與中間商的購買行為有很大差別。他們往往不是把價格作為最主要因素，而是對產品、規格、性能最為關注，因為這將關係到產品的品質、成本和效率等，從而影響產品的銷路和利潤水準。

對於企業來說，上述三種客戶是企業通常面對的基本類型的客戶。需要進一步指出的是，有些企業可能會同時擁有以上各類客戶，有的可能擁有其中一種或兩種客戶。這取決於企業的性質和經營範圍。對於任何企業來說，區別不同類型客戶的意義，在於瞭解他們的不同購買動機和行為。根據他們的需求特徵採取相應的營銷策略，從而真正實現客戶滿足。

二、按客戶忠誠度劃分

依據客戶忠誠度的不同，將客戶分為五個階段：潛在客戶（propect）、購物者（shopper）、顧客（cutomer）、老主顧（client）、廣告代言人（advocate）。

潛在客戶是指對企業的產品和服務有需求，但尚未開始與企業進行交易，需要企業花大力氣爭取的客戶；購物者是指經常與企業發生交易的客戶，儘管這些客戶不與其他企業發生交易，但與本企業的交易數量相對較高；老主顧是指與企業交易有較長的歷史，對企業的產品和服務有較深入的瞭解，但同時還與其他企業有交易往來；而廣告代言人則是指對企業有高度信任並與企業建立起了長期、穩定關係的客戶，他們基本局限在本企業內消費。企業必須妥善經營各級顧客，使其邁步向第五級——即「廣告代言人」推進。

三、按客戶重要性劃分

在客戶關係管理中，企業常常按照客戶的重要性進行劃分，例如可以借鑑庫存管理常用的 ABC 分類法進行劃分，把客戶分成 VIP 客戶、重要客戶和一般客戶 3 種，如下表所示。

值得注意的是，表內所列的數字為參考值，不同行業、不同企業的數值各不相同。例如在銀行業中，貴賓型客戶數量可能只佔到客戶數量的 1%，但為企業創造的利潤可能超過 50%；而有些企業，如賓館的貴賓型客戶數量可能遠大於 5%，但為企業創造的利潤可能小於 50%。

表 1-2　用 ABC 分類法對客戶進行劃分

客戶類型	客戶名稱	客戶數量比例(%)	客戶為企業創造的 利潤比例(%)
A	VIP 客戶	5	50
B	重要客戶	15	30
C	一般客戶	80	20

　　這種按客戶對企業價值大小做出重要性判斷的劃分方式，是 CRM 中最主要的客戶分類方式，也是其「對客戶區別對待」的重要特徵。它較好地體現了「20/80」法則。

　　從上述對客戶的分析中可以看出，從企業自身的利益出發，無需與所有的客戶建立關係，重要的是弄清楚幾個問題：

　　⑴企業的客戶是什麼類型？

　　⑵這種類型的客戶有多少？

　　⑶如何分配企業的資源？

　　要回答企業的這些問題，那麼首先要做的就是採集客戶資料以建立客戶數據庫。

四、按產品流轉狀態劃分

　　所謂中間客戶，是指處於產品或服務流通鏈中間的客戶。所謂最終客戶，是指產品或服務的最終使用者。

1. 中間客戶

　　在現代市場營銷中，產品往往要經過相當多的流通環節才能到達最終使用者手中。例如：按一般商品的流通形式分，就可以分為生產

商、批發商(往往有多級批發商)、零售商和使用者(見下圖)。

圖 1-3　中間客戶與最終使用者

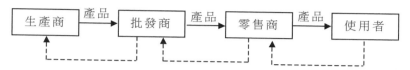

從上圖可以看出:

⑴產品流通過程中存在著相當多的中間環節;

⑵任何一個中間環節既是前一個環節的客戶,又是下一個環節的供方;

⑶對生產者來說既不能忽視中間客戶更不能忽視最終客戶;

⑷所有的中間客戶一旦作為供方,都應當把客戶滿意,特別是最終客戶的滿意作為自己作業的出發點,而不應將此任務全部推給生產商。

此外,還有另一種情況,如下圖所示:

圖 1-4　供應方與客戶

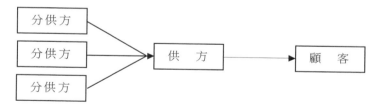

對分供方來說,供方也是自己的中間客戶。在這種情況下,分供方依然不能忽視最終客戶的滿意狀況。

2. 最終客戶

作為產品或服務使用者的最終客戶對產品或服務品質最有發言權,他們的判定、取捨和選擇最具有權威性。一旦失去了他們的滿意,

不論內部客戶和中間客戶的滿意程度如何高，也是沒有意義的。在一般情況下，所謂的客戶滿意，本質上就是指最終客戶的滿意。

最終客戶有以下兩種情況：

⑴購買者與使用者不是同一個組織或個人。典型的如玩具，其購買者可能是母親，而使用者可能是孩子。在這種情況下，雙方都是最終客戶，如果購買者不滿意，今後就可能不再購買；如果使用者不滿意，就會將不滿意轉達給購買者，從而影響購買者的下次購買決策。

⑵使用者包括兩個或兩個以上的組織或個人。典型的如汽車，駕駛員是當然的使用者，乘客也是使用者。在設計和生產汽車時，既要考慮駕駛員這一直接客戶，又要考慮乘客這一間接客戶。如果不考慮乘客的滿意與否，也會導致直接客戶的拒絕購買行為。

最終客戶的滿意是客戶管理戰略的落腳點。雖然不能忽略中間客戶，但是最終客戶的滿意與否才是決定組織生死存亡的根本。中間客戶的滿意與否，往往也是以最終客戶滿意與否為導向的。因此，組織應當更多地關注最終客戶，而不能僅僅以中間客戶為客戶滿意程度的監視與測量對象。在制定客戶管理制度及考核標準時，其關注點和落腳點也都應以最終客戶的滿意為目標。

五、按客戶表現形式劃分

1. 現實客戶

現實客戶是已經成為客戶的企業或個人。一類是正在成為客戶的企業或個人，如正在購買本企業提供的某種產品的人；另一類是已經接受過本企業提供某種產品的企業或個人。

2. 潛在客戶

潛在客戶是指尚未成為但可能成為客戶的企業或個人，是企業爭取的對象，是品質戰略關注的重點。

對某個地區來說，該地區可能是潛在的銷售市場，該地區的企業或個人則成為潛在客戶；對某個階層（例如以收入劃分的階層，以城鄉劃分的階層等）來說，該階層的企業或個人則成為潛在客戶；對某個企業或個人來說，可能是本企業的潛在客戶。

一般來說，對地區性的潛在客戶可能容易開拓，而單個的潛在客戶卻難以使其成為現實客戶，階層性的潛在客戶可能居於二者之間。但企業不能只考慮自己的難易問題。況且，在當今經濟全球化的時代，某個地區、某個層面的客戶對本企業來說是潛在的，而對本企業的競爭對手來說可能早已是現實客戶了。因此，要求企業去開拓。

六、按客戶滿意度劃分

1. 一次性客戶

一般來說，一次性客戶往往都是新客戶，他們滿意，可以由一次性客戶轉變固定客戶；他們不滿意，就可能流失。對某些企業來說，可能對某一客戶只賣一次產品，這就更需企業使他們滿意，使他們為企業作無償宣傳，以吸引潛在客戶。

2. 長期客戶

長期的固定客戶，企業當然要想方設法留住他們，使他們對企業忠誠不二。為此，企業應建立與他們的固定聯繫，按時調查與測評他們的滿意度，並不斷改進質量提高他們的滿意度。

5 客戶的內涵

1. 從管理的角度分類

從管理的角度來看，客戶可劃分為四個類型。

(1)常規客戶

又稱為一般客戶。企業主要通過讓渡財務利益給客戶，從而增加客戶的滿意度，而客戶也主要希望從企業那裏獲得直接好處，獲得滿意的客戶價值。他們是經濟型客戶，消費具有隨機性，講究實惠；看重價格優惠，是企業與客戶關係的最主要部份，可以直接決定企業短期的現實收益。

(2)潛力客戶

又稱合適客戶。他們希望從企業的關係中增加價值，從而獲得附加的財務利益和社會利益。這類客戶通常與企業建立一種夥伴關係或者「戰略聯盟」，他們是企業與客戶關係的核心，是合適客戶中的關鍵部份。

(3)關鍵客戶

又稱頭頂客戶。他們除了希望從企業那裏獲得直接的客戶價值外，還希望從企業那裏獲得社會利益，如成為客戶俱樂部的成員等，從而體現一定的精神滿足。他們是企業比較穩定的客戶，雖然人數不佔多數，但對企業的貢獻卻高達 80%左右。

(4)臨時客戶

又稱一次性客戶。他們是從常規客戶中分化出來的，這些客戶可

能一年中會跟企業訂貨一兩次或購買一兩次，但他們不能為企業帶來大量收入。實際上，當本企業考慮到以下因素時，甚至會覺得他們在花企業的錢：將他們列入客戶記錄所花費的管理費，寄郵件(如果這樣做的話)以及庫存一些只有他們可能購買的商品的費用。這些客戶可能最令人頭痛。

表 1-3　客戶層次分類表

客戶類型	比重	檔次	利潤	目標性
關鍵客戶(頭頂客戶)	5%	高	80%	財務利益
潛力客戶(合適客戶)	15%	中	15%	客戶價值
常規客戶(一般客戶)	80%	低	5%	客戶滿意度

2. 按客戶的性質分類

按客戶的性質可以劃分為：

⑴政府機構及非盈利機構。主要指各級政府、監獄、醫院和各種非盈利的協會等。

⑵特殊公司。如與本企業有特殊業務的企業、供應商等。

⑶普通公司。

⑷交易夥伴及客戶個人。

3. 按交易過程分類

按交易過程來分類，可分為曾經有過交易業務的客戶，正在進行交易的客戶和即將交易的客戶。

4. 按時間順序分類

按時間順序可以劃分為潛在客戶、新客戶、老客戶。

6 顧客的基本行為方式

不僅調查和瞭解顧客群體的滿意度和忠誠度十分有價值,瞭解單個顧客的態度和行為也同樣重要。

依據他們獨特的行為特徵,滿意或不滿意的程度(態度),以及他們對自身滿意或不滿意所作反應的能力,顧客通常可以歸為以下四種基本行為方式中的一種:忠誠型顧客、流失型顧客、僱用型顧客,或者人質型顧客。

每個企業的最終目標,都應當是使盡可能多的顧客成為最有價值的忠誠型顧客,即使徒,並努力消除最危險的流失型顧客或人質型顧客,即暴徒(見表 1-4)。

表 1-4　單個顧客的滿意度、忠誠度和行為

分類	名稱	滿意度	忠誠度	行為
1	忠誠型顧客/使徒	高	高	長期停留並積極支持
2	流失型顧客/暴徒	低於中等水準	低於中等水準	即將離開或已經離開且不高興
3	僱用型顧客	高	低於中等水準	來去匆匆,缺少保證和承諾
4	人質型顧客	低於中等水準	高	無法轉換並困陷於企業

1. 忠誠型顧客(使徒)

大多數情況下,忠誠型顧客就是指對企業完全滿意並不斷返回企

業再購買產品或服務的那些顧客。忠誠型顧客是企業的基石。這種類型的顧客其需求與企業提供的產品或服務恰好十分吻合，因此我們常看到企業把忠誠型顧客作為最熱切服務的對象也就不足為怪了。甚至有時這種需求與產品或服務之間的匹配是如此的恰到好處，以至即使在 1～5 滿意度程度表上給 5 分，也難以精確地表述兩者的這種聯繫。

這些忠誠型顧客的體驗都已遠遠超出他們預先的期望，因而他們對企業都是如此地滿意，並共同分享著這種強烈的感受。可以說，他們是企業的使徒。

特別優待顧客並不意味著只是在企業一切基本事項正常運行的時候才優待顧客，即使情況不妙時，企業也應同樣優待顧客。極度不滿的顧客往往包括對企業極度滿意，但由於購買到某件次品或在服務上遇到某件不愉快的事，或一連串不相關的不快事情發生後便轉變的那些顧客。如果企業善於彌補──也就是說進行挽救──那麼顧客在類似不快的事情發生時，不僅能夠恢復、而且能夠進一步加深對企業的信任，這樣這些顧客就會成為企業的使徒，並樂於向企業的其他潛在顧客進行良好的口碑宣傳。

當然，企業只有在這些顧客主動回應時才能使他們轉變為企業的使徒。單就這一點而言，為顧客提供大量的機會，以便於他們表達心中的不滿是非常值得的。擅於對顧客不滿進行彌補和挽救的企業，通常都會詢問顧客是否滿意，向其提供免費評論的機會，使一線員工全面投入到識別並幫助那些在服務或產品上受挫的顧客，並定期檢查他們對顧客問題處理的方法。

2. 流失型顧客（暴徒）

流失型顧客包括那些極度不滿、十分不滿和持一般態度的顧客。僅僅只是滿意的顧客──其數量遠遠超過經理人員的想像──也會從

企業流失。而且，即使極度滿意的顧客一旦遇到不愉快的事情發生，同樣也會從企業流失。任由這些顧客流失也許是經理人員所犯的最大錯誤。當出現問題時，只要企業採取強有力的措施，更好地理解這些顧客的需求，並對此加以留心和關注，那麼其中大多數都會再次成為極度滿意的顧客。

然而，並非所有的流失型顧客都值得企業挽留。挽留那些由於需求與企業能力不符而導致對企業不滿的顧客，不但會浪費企業資源，而且會挫敗員工士氣。一旦遇到這種會耗蝕企業多餘精力的顧客，這些企業總能識辨出來。

最危險的流失型顧客是暴徒。他們一旦在企業遭遇到不快的事情，就迫不及待地趕緊向他人傾訴自己的憤怒和沮喪。他們是那些由於惡劣天氣不得不困於機場而又得不到航空公司適當援助的乘客；他們是那些發現剛買回的產品有問題但在試圖要求企業給予幫助或向其提出索賠時卻遭到員工無理拒絕或忽視的零購顧客；他們是那些為了同一毛病卻不得不花費大量時間多次到經銷店修理汽車的新車車主。每講述一次，他們的經歷就會被強化一次，以致最後其講述的內容可能嚴重背離事實的真相。

不幸的是，一般來說暴徒遠遠比使徒更希望向別人傾訴，而且他們在講述自身的經歷時也就有更大的感染力。正如使徒有愉快的體驗一樣，暴徒也有自身不快的體驗，但不同的是，在他們遭遇到不快的事情時，卻沒有人傾聽，沒有人反應，也沒有人主動解決他們所遇到的問題。

3. 僱用型顧客

另一類對企業不利的顧客是僱用型顧客。這類顧客向滿意度-忠誠度規則提出了挑戰：他可能對企業完全滿意，但卻幾乎沒有表現出

任何忠誠度。獲取這類顧客的成本十分高昂，而且很快他們就會從企業流失。他們追求低廉的價格，購物常憑一時興趣，追趕時尚，或者為了改變而尋求改變。儘管企業使這類顧客滿意與使長期忠誠的顧客滿意所付出的努力常常是一樣的，但他們不會保持與企業的長期關係，企業也就難以從中獲利。

4. 人質型顧客

人質型顧客陷在了企業。這類顧客在該企業的體驗即使非常糟糕，也不得不勉強接受。許多在壟斷環境裏經營的企業認為沒有什麼必要改變人質型顧客所處的這種困境，畢竟他們沒有其他的地方可去。為什麼要解決這些問題呢？實際上，企業完全應當解決這些問題，這主要是由於以下兩個原因。首先，如果競爭環境突然改變，這些企業就會為此而付出代價，他們的顧客會很快從企業流失，甚至許多顧客還會成為企業的暴徒。其次，向人質型顧客提供服務十分困難且成本高昂。他們可能被企業困住，但他們仍會借每一次機會對企業抱怨並提出特殊服務的要求。這種人質型顧客會嚴重破壞企業員工的士氣，其副作用表現在單位成本的花費上可以說是相當的驚人。

心得欄

7 客戶的利潤價值分類

「客戶就是上帝」、「客戶永遠都是對的」,這些關於服務品質的名言,20 世紀 80 年代以來廣為流傳,影響了一代又一代的市場行銷及客戶服務人員。但是,隨著時代的發展,這些標準被不斷地修正和完善。無論是對企業貢獻的價值度,還是客戶本身的個性及特點,「客戶」這一龐大群體,都有被細分和差別化對待的必要。

今天的企業,必然要打造「以客戶為中心」的「客戶型企業」。

1. 根據客戶的經濟價值而分類

人們通常根據客戶提供的銷售額或利潤這兩個經濟指標,將客戶劃分為若干層次,以確定那些客戶是企業服務的重點目標(一般根據其銷售額大小來界定),從而採取不同的服務方式來吸引客戶,以提高客戶滿意度。對於逐漸失去價值的客戶,要弄清楚原因,做好最低限度的客戶維護。

按照客戶對銷售額貢獻的大小,一般可將客戶分為 4 類,如表 1-5 所示。

2. 根據客戶的利潤貢獻而分類

從管理的角度來看,根據客戶對企業利潤貢獻的大小,可以將客戶分為關鍵客戶、潛力客戶、一般客戶和臨時客戶 4 種類型,如表 1-6 所示。

表 1-5　客戶價值分類表

客戶類別	比例(%)	特點	目標性
VIP客戶	1	購買力大，貢獻價值大	採取特殊的服務政策，使其享有企業最優服務
主要客戶	4	消費金額比例大，貢獻率高	將其視為工作重點，傾聽其意見，研究其需求
普通客戶	15～30	消費金額比例一般，貢獻率一般	對其進行精心研究和培養，重點開發
小客戶	65～80	客戶數目大，消費金額小	情感交流，合理維護

表 1-6　客戶層次分類表

客戶類型	比例(%)	檔次	利潤貢獻率(%)	目標性
關鍵客戶	5	高	80	財務利益
潛力客戶	15	中	15	客戶價值
一般客戶	80	低	5	客戶滿意度
臨時客戶	0	低	0	客戶滿意度

　　究竟採取那一種方式對客戶的價值進行判斷，要根據企業的發展戰略和經營目標來確定。例如，企業目前的戰略重點是擴大市場佔有率，則可根據客戶銷售額的貢獻對客戶進行分類管理，將有助於企業戰略目標的實現。如果企業的經營目標是改善企業的贏利能力，則應當根據利潤指標對客戶進行分類管理。

(1)關鍵客戶

　　關鍵的少數客戶為企業提供絕大部份利潤。在自然界中，帕累托

法則(20/80 原則)總是在默默地發揮著作用。關鍵客戶雖然數量不多，但對企業的貢獻率卻高達 80%左右。這些關鍵客戶，除了希望直接從企業獲得客戶價值，還可能希望從企業獲得社會利益，如成為客戶俱樂部成員等，從而獲得一定的精神滿足。如何穩住企業的關鍵客戶，提高他們的滿意度和忠誠度，是企業工作的首要目標。

(2)潛力客戶

潛力客戶又稱合適客戶，他們往往希望從與企業的合作中獲得附加的財務利益和社會利益，也希望與企業建立一種夥伴關係或者「戰略聯盟」，他們是企業客戶關係管理的核心。

如何維繫企業與潛力客戶的關係，並盡可能地將他們轉換為關鍵客戶，是工作的重點。

(3)一般客戶

一般客戶是一批經濟型客戶，消費具有隨機性，講究實惠，看重價格優惠。在可能的條件下，應為一般客戶提供必要的、直接的價值和利益，以提高客戶滿意度。

(4)臨時客戶

臨時客戶又稱一次性客戶，他們是從常規客戶中分化出來的。這些客戶可能一年中會向企業進行一兩次購買，但他們並不能為企業帶來大量的收入。在考慮成本因素時，他們甚至可能是企業負利潤的提供者。儘管如此，企業沒有任何理由得罪任何一位客戶。將臨時客戶維持在必要的滿意水準，這是基本職責。

顯然，以上是對現實客戶進行的一種靜態劃分。從發展的觀點來看，今天的臨時客戶，也許就是企業明天的潛力客戶或關鍵客戶。

第 二 章

建立客戶檔案

1 建立客戶檔案的方法

一、客戶檔案的建立方法

1. 按照銷售量的大小排序

按照銷售量的大小排序,這種方法便於營銷員隨時關注主要客戶的變動情況。如可以設定三個級別,一級客戶是佔銷售量的 80%客戶;二級客戶是佔 15%的客戶;三級客戶是佔 5%的客戶。每級客戶又可按照銷售量的大小排序。這樣便於對不同客戶進行不同級別的監控以及實施相應的營銷策略和信用政策。同時,營銷員也可以據此建立自己的客戶檔案,便於自己管理和利用。

2. 按銷售的地區

按銷售地區對檔案進行分類,對於銷售量大,產品銷售區域覆蓋

面廣的企業是比較實用的做法。便於形成地區間內部的競爭優勢，迴避風險，根據不同地區的具體情況制定和執行不同的營銷策略和信用政策。

3. 按產品和服務行業

按產品和服務提供的行業劃分，這種方法主要適用於生產中間產品或基礎原料、能源產品的企業。這樣做便於企業根據市場環境和行業發展狀況隨時調整營銷，進行風險預防，而且還可以根據不同行業的需要改進生產，提高服務水準。

4. 按產品種類

按產品種類建立客戶檔案，這種方法適用於產品種類繁多的企業，方便企業關注產品的生產和銷售狀況，是進行市場營銷，新產品開發，開拓新市場重要的參考資料。

5. 按客戶信用等級

按客戶信用等級建立客戶檔案，這樣的檔案無論對於營銷員還是公司高層管理人員都具有很重要的參考價值，是在選擇客戶、達成交易、付款交貨、給予信用限額和期限時都需要考慮到的條件。

6. 其他

此外，還可以按建立營銷關係的時間順序、按照業務關係的疏密等建立管理客戶檔案。實際上，企業內部都是綜合採用多種方式建立客戶檔案的。

二、客戶檔案的建立方式

根據不同方式的特點以及不同的部門的需要來選擇客戶檔案建立方式。

1. 對於營銷員

他們需要直接關注的是客戶銷售品種、銷售量以及回款情況，那麼他們最好是按照銷售量和客戶信用等級建立的客戶檔案。

2. 對於營銷部門

與他們直接相關的是產品的市場環境、客戶群反映、使用狀況以及銷售量，那麼他們需要的是按照銷售量、銷售地區、消費者以及產品種類建立的客戶檔案。

3. 對於公司管理階層

他們關心的是公司的整體運作狀況，所以他們需要的是所有全面系統的客戶資料。

因此，我們可以建立一個種類繁多，信息全面的客戶信息系統，根據各個部門的不同需要，可以找到需要的相關檔案，這些通過現代電子信息技術是很容易辦到的。

三、客戶檔案的建立流程

1. 合格檔案流程建立

我們進行客戶檔案的管理所遇到情況不外乎是新建客戶檔案庫和改造企業舊有的客戶檔案庫。從工作進度看，又可以分「一次性到位」型建設、投資逐步到位型建設、發行舊有檔案庫等幾種方式，這與企業的建檔工作預算和人員素質有關。

2. 建立合格檔案流程原則

在企業資金不足的情況下，應該先將有限的預算用於訂購客戶信用調查報告，而不是先增添電腦設備。

為何應該先訂購客戶信用調查報告而不先配備設備呢？因為，我

們的原則是先向企業的銷售、財務及其他管理部門提供服務，採用傳統的檔案管理方式也可以工作，只是效率極低，使信用管理部門的工作量加大。

2 客戶檔案的功能

一、什麼是客戶檔案

按照菲力浦‧科特勒的觀點，客戶數據庫(customer database)是被用於有組織地全面收集關於客戶、潛在用戶或者可能購買者的綜合數據資料，這些資料是當前的、可接近的和為營銷目的所應用的，它引導產品名單，審核資格，銷售產品或服務，或維持客戶關係。數據庫營銷(database marketing)是建立、維持、使用客戶數據庫和其他數據庫(產品、供應商、零售商)的過程，其目的是聯繫和交易。

但許多企業混淆了客戶郵寄目錄與客戶數據庫的關係。一張客戶郵寄單是一級簡單的姓名、地址和電話號碼。而客戶數據庫包括了更多的信息。在企業對企業營銷中，客戶概貌包括該客戶過去購買的產品和服務，過去的銷售量和價格，關鍵聯繫人(包括他們的姓名、生日、年齡和喜歡的食品)競爭的供應商，當前合約履行狀況，預計客戶下幾年中的開支，在銷售與服務中定性地評估競爭優勢和劣勢。在客戶管理營銷中，客戶數據庫包括個人的人文統計資料(年齡、收入、家庭成員、生日)，心理統計(活動、興趣和意見)，過去的購買

和其他相關的信息。

二、客戶資料的管理功能

1. 資料管理作用

(1) 用於交易決策中防範風險

加強客戶信息管理，可以全面準確地判斷客戶的信用情況，避免在交易時因為客戶信息不全以及信息不真實所造成的風險及欺詐。

通過客戶信息管理，可以及時並且連續不斷地對客戶的信用狀況進行監控，避免由於客戶信息陳舊，過時所帶來的失誤。

(2) 用於信用分析

只有全面收集客戶信息，才能對客戶進行全面細緻、準確的信用分析，為企業建立規範、科學的資金使用及項目審批制度提供真實準確的信息基礎。

(3) 有利於各部門之間的溝通

採用規範的客戶信息管理制度可以打破各部門對信息的壟斷，避免由於各部門缺乏有效地交流、溝通所帶來的信息重覆調查以及其他相關資料的浪費，降低管理成本。

2. 保護公司寶貴的客戶資源

(1) 嚴格客戶資訊管理

使用嚴格的信息管理，可以讓公司對寶貴的客戶資源進行統一、規範地管理，避免公司少數營銷人員獨佔客戶資源，最大限度的杜絕企業內部人員與少數不良客戶勾結，損害企業的利益。

(2) 加強客戶資訊管理

加強客戶信息管理，可以有效地維護老客戶，大大節省營銷費用。

三、客戶檔案管理原則

1.動態管理

客戶資料如建立以後置之不理，就會失去它的意義。因為客戶的情況會不斷發生變化，所以客戶資料也要不斷的加以整理更新。剔除過時舊的或是已經變化了的資料，及時補充新的資料，對客戶的變化進行跟蹤，使客戶管理保持動態性。如進行定期的客戶拜訪，信用的重新評估，以及新、舊信息的補充和更新、剔除，避免由於客戶信息陳舊、過時所帶來的信用風險和欺詐。

2.突出重點

有不同類型客戶資料很多，我們要通過這些資料找出重點客戶。重點客戶不僅要包括現有客戶，而且還應包括未來客戶或潛在客戶。這樣為企業選擇新客戶、開拓新市場提供資料，為企業進一步發展創造良機。對企業來說，銷貨和回款都是至關重要的，對銷售確定了重點大客戶，對回款明確了款項和風險最大客戶，便於企業提高銷售業績，同時減少壞帳率。

3.靈活運用

客戶資料收集管理的目的是在銷售過程中加以運用。所以，在建立客戶資料卡或客戶管理卡後不能束之高閣，應以靈活的方式及時全面地提供給有關人員，使他們能結合不斷變化的內外部條件進行更詳細更實際的分析。既要以客戶檔案為基礎，堅持原則，又要把握好靈活性，使死的資料變成活的資料，提高客戶管理的效率。

4.管理制度化

一方面，對客戶的信用管理要實現制度化，就是要對客戶的信用

信息、信用檔案、信用狀況、信用等級進行嚴格的制度化管理，最大限度地控制客戶信用風險；另一方面是要在銷售業務過程中，依靠對客戶信用額度的評定和控制，實現交易決策的科學化、定式化，規範企業和客戶間的信用關係，減少交易人員的主觀盲目決策。

5. 專人負責

由於許多客戶資料是不宜流出企業的，只能供內部使用，所以客戶管理應確定具體的規定和辦法；應由專人負責管理，嚴格客戶情報資料的利用和借閱的制度。

3　怎樣建立你的客戶檔案

建立客戶檔案，首先必須掌握客戶的一些基本資料。

客戶檔案的完善和建立，是數據庫資料的根本內容。

有人向一位銷售冠軍請教成功的秘訣，他站起來指著身後的客戶檔案說：「這就是我成功的秘訣。」實踐告訴我們，客戶檔案是一個有效的銷售工具，企業可以利用它創造出更好的銷售業績。

企業在與客戶打交道時，必須要瞭解以下幾個問題：客戶是一個什麼人？他的企業是一個什麼樣的企業？客戶的經營情況怎麼樣？客戶與我們交易的情況怎樣？等等。正如一位銷售專家所說：「企業有效管理客戶的前提是要瞭解客戶，把握客戶的交易狀況。不瞭解客戶，就無法制定出正確的客戶管理政策。」

企業必須儘量記錄所有客戶的相關信息，來幫助進行消費行為

與心理分析。客戶資料的基本內容包括基本資料、教育情況、家庭情況、人際情況、事業情況、生活情況、閱歷情況、客戶情況以及其他可供參考的補充材料。具體如下：

1. 基本材料

· 姓名(小名、綽號)

· 身份證號碼

· 所服務的公司名稱

· 職位職稱

· 家庭住址、電話及傳真、手機、電子郵箱

· 公司位址、電話及傳真、註冊編號

· 戶籍、籍貫

· 出生日期、血型

· 身高、體重

· 性格特徵

2. 教育情況

· 高中(起止時間)、大學(起止時間)、研究生(起止時間)

· 在校期間所獲得獎勵

· 在校期間參加的社團(職位)

· 最喜歡的運動項目

3. 家庭情況

· 已婚或未婚

· 配偶姓名、配偶教育流程(學校、院系)、配偶興趣、專長嗜好、配偶生日及血型

· 結婚紀念日、如何慶祝各種結婚紀念日

· 有無子女、子女姓名(生日)、子女教育程度

- 對婚姻的看法、對子女教育的看法
- 一句話描述他的家庭狀況

4. 人際情況

- 親戚情況（人數、生活）
- 與親戚相處的情況
- 接觸最頻繁、最要好的親戚
- 朋友情況（人數、生活）
- 與朋友相處的情況
- 最接近、最要好的朋友
- 鄰居情況（人數、生活）
- 與鄰居相處的情況
- 最接近，最要好的鄰居
- 對人際關係的看法
- 一句話描述他的人際情況

5. 事業情況

- 以往就業情況、公司名稱、公司地點、職稱（年收入）
- 目前公司職位（年收入）
- 在目前公司中的地位如何
- 對目前公司的態度
- 是否參加公司內部社團
- 與本公司初次業務往來日期
- 與本公司往來情況
- 本公司關係如何
- 本公司中那些員工認識這位客戶
- 該公司與本公司的關係情況

- 對事業的態度
- 長期事業目標是什麼
- 中期事業目標是什麼
- 現在最開心的個人成就或公司福利
- 重視現在或未來的發展（理由）

6. 生活情況

- 過去的醫療病史
- 目前的健康狀況
- 是否喝酒（種類、數量），對喝酒的看法
- 喜歡在何處用餐
- 喜歡吃什麼菜
- 反對別人替他付餐費嗎？
- 生活態度是什麼，有沒有座右銘
- 休閒習慣是什麼
- 度假習慣是什麼
- 喜歡的運動比賽，對職業足球、籃球的看法，擁戴的球隊
- 經常乘坐的交通工具
- 喜歡的聊天話題
- 希望給誰留下好印象，留下什麼印象
- 對那種成就感最驕傲，對那種失落感最沮喪
- 個人中期目標是什麼
- 個人長期目標是什麼
- 用一句話描述他的日常生活

7. 個性情況

- 曾參加的俱樂部或社團，目前所在的俱樂部或社團

- 是否熱衷政治活動
- 在所住社區與地方參與的活動
- 宗教信仰（態度）
- 忌諱（不能提到的事情）
- 重視那些事
- 特長是什麼
- 喜歡看那些類型的書
- 喜歡看那些類型的電視
- 專業能力如何
- 他認為自己的個性如何
- 家人認為他的個性如何
- 朋友認為他的個性如何
- 同事認為他的個性如何
- 用一句話描述他的個性

8. 閱歷情況

- 對於目前經歷的綜合看法
- 十年後的目標
- 人生的最終目標
- 目前最想完成的事
- 目前最滿足的事
- 目前最遺憾的事
- 目前最想強化什麼
- 目前最想克服什麼
- 用一句話描述他的經歷觀

9. 客戶情況

- 與這位客戶交談有那些道德顧慮
- 客戶與本公司或競爭對手的意見看法
- 他願意接受他人建議，改變自己嗎
- 重視別人的意見嗎
- 他非常固執嗎
- 待人處事的風格
- 管理上有問題嗎
- 與管理層有衝突嗎
- 本公司能協助解決問題嗎，如何協助
- 競爭者能更好地解決以上問題嗎

10. 其他可供參考資料

瞭解以上資料相當重要。舉例來說，可以根據這些資料，在某個客戶紀念日前，送他兩張電影票，給他一個驚喜。也可以寄一份與客戶有切身關係的報告給他，例如，為他提供「如何治療失眠」報告（當然你已知道他正為失眠困擾）。還可以利用客戶的業餘愛好，與他進行溝通。企業要以對待朋友之心去運用數據庫內的這些資料，而不能刻意去籠絡客戶，功利性地討好，在需要他購買成交時才拜訪或送去禮物。

建立經銷商資料

1. 基礎資料

即客戶最基本的原始資料。主要包括客戶的名稱、位址、電話、所有者、經營管理者、法人代表及他們的個性、興趣、愛好、家庭、學歷、年齡、能力、創業時間、與本公司的交易時間、企業組織方式、業務、資產等。

這些資料是客戶管理的起點和基礎，它們主要是通過業務員進行的客戶訪問收集到的。

(1)客戶特徵

主要包括服務區域、銷售能力、發展潛力、經營觀念、經營方向、經營政策、企業規模和經營特點等。

(2)業務狀況

主要包括銷售實績、經營管理者和業務員的素質、與其他競爭者的關係、與本公司的業務關係及合作態度等。

(3)交易現狀

主要包括客戶的銷售活動現狀、存在的問題、保持的優勢、未來的對策、企業形象、聲譽、信用狀況、交易條件及出現的信用問題等。

⑷企業客戶基本情況表

表 2-1　客戶基本情況表

頁　　　次：		客戶名稱：					
客戶地址：							
負　責　人：							
主要經營項目：							
主要聯絡人：							
估計資本額：							
估計營業額：							
年　　　度	年	年	年	年	年	年	
營　業　額							
與本公司業務往來狀況：							
交易金額記錄：							
年　　　度	年	年	年	年	年	年	
營　業　額							

建卡日期：＿＿＿＿＿＿＿＿＿＿＿＿＿＿＿

2. 地址

地址資料有助於分析喜歡特定產品或服務的人群是否具有某類房產或生活在某個區域內。包括通信地址、位址類型、銷售區域、地區代碼、傳媒覆蓋區域等等；當客戶是企業時，須記錄的信息則是公司名稱、通信地址、公司類型等等。

3. 財務

企業需要弄清楚自己的客戶能否付出貨款，是否願意付款。財務資料應包括帳戶類型、第一次與最近一次的訂貨日期、平均訂貨價值及供貨餘額、平均付款期限等。

表 2-2　客戶帳戶記錄表

客戶名稱			銀行帳號		
地　　址			聯繫方法		
客戶資料	日期	購買記錄	付款記錄	餘額	建議
首次訂貨日期					
末次訂貨日期					
平均訂貨價值					

表 2-3　收款異樣報告表

經理：	科長：		承辦人：	
顧客名稱：	ABC 等級：		平均月交易額： ＿＿＿＿萬元	交易年資： ＿＿＿＿年
收款異狀情況			造成異樣的原因	
1. 收款金額（差額 10%以上） 　預定收款金額＿＿＿＿萬元 　實際收款金額＿＿＿＿萬元 　差額＿＿＿＿萬元			1. 對方尚未整理帳目 ⑴對方尚未驗收及核帳 ⑵整批訂單先交的部份貨品 ⑶因延遲交貨故未驗收及核帳	
2. 延遲付款日數（10 天以上） 　約定付款日期＿＿＿月＿＿＿日 　實際收款日期＿＿＿月＿＿＿日 　延遲日期＿＿＿月＿＿＿日			⑷貨品尚未送達 ⑸帳單未送達 ⑹貨品不良不予核帳 ⑺退貨	

續表

3. 付款方法上的差異(達 10%上時) 　合約規定：現金__%票據__%合計__% 　實際收到：現金__%票據__%合計__% 　差距：現金__%票據__%合計__%	(8)其他 2. 因對方資金週轉不靈 (1)設備投資過於龐大 (2)對方要賴，故意倒帳
4. 票據延期(達 10 日以上) 　原訂付款日期_____日 　延期付款日期_____日 　延緩日期_____日	(3)對方貨品庫存積壓，資金週轉不 　靈 (4)對方的原材料、物料庫存過大 (5)其他
有關該公司的輿論評價 1. 未曾聽說提要 2. 聽到的內容	適應對策的意見 　1. 繼續交易往來 　2. 一面警戒一面繼續往來 　3. 終止往來 　4. 其他
上級的決策指示　　1. 終止交易 　　　　　　　　　2. 繼續交易 　　　　　　　　　3. 其他	(1)即刻終止交易 (2)暫時停止交易 (3)伺機停止交易 (1)限制每個月的交易金額 (2)待改善收款條件再繼續往來 (3)慎選交易商品繼續做交易

表 2-4 客戶經營表

客戶名稱			銀行帳號		
地　　址			聯繫方法		
客戶資料	日期	購買記錄	付款記錄	餘額	建議
平均付款期限					
平均餘額					
信用狀況					

4. 行為

　　行為資料是有關客戶和潛在客戶與公司交往的歷史記錄。這類資料不會告訴你客戶可能做什麼或他們今後會做什麼以及他們是否有興趣做什麼。但行為資料能告訴你客戶過去做過什麼，每次訂貨的多少以及訂貨的頻率等。具體包括回應類型代碼(不僅包括訂貨、詢問，還包括對調查活動、特價品、競賽活動的反應等)，做出上述回應的日期，回應頻率，回應的價值，回應的方式(電話、傳真郵編、電子郵件等)，每次發生糾紛、延遲交貨和產品殘次等方面的詳細資料，每次與客戶或潛在客戶進行接觸的時間和方式。

表 2-5 客戶行為記錄表

客戶名稱		帳　　號	
地　　址		聯繫方法	
聯絡日期	聯絡方式	聯絡結果	備　　註

表 2-6 客戶行為報告表

地址		編號			
客戶名稱		等級			
				圈出相關項目	需要說明記入本欄
銷售	急增、急減、漸增、漸減、不變(20%以上)(5%)以上				
毛利	急增、急減、漸減、不變(20 以上)(5%)以上 急增、急減時的原因？ 特定商品？ 特定的客戶？ 季節性商品？ 此傾向今後仍會繼續？ 其他原因？				
本司採購	急增、急減、漸增、漸減、不變 急增、急減時的原因？ 因為銷售的增減？ 特定的商品？ 特定的供應商？ 季節性的商品？ 此傾向食今後會繼續？ 其他原因？ 主要供應商和交易商有重要變化？ 出現搶購和脫銷的傾向？ 沒有特別工作，但由本公司的採購即增加？ 突然發生的大量訂單？ 以前由他公司採購的產品線突然轉換為本公司？				
庫存	急增、急減、漸增、漸減、不變？ 急增、急減時的原因 特定的商品？暫時的現象？				
付款	付款狀態變好、變差、不變？票據期限延長、縮短、不變？				

5 客戶檔案的維護

一、客戶檔案的篩選與填寫

1. 悉心篩選

有效信息和無效信息的篩選是非常重要的環節，也就是要通過對收集回來的客戶進行有效的鑑別，確定那些是有用的，那些是無用的，有效客戶的收集在運作中根據企業制定的標準進行管理，篩選的範圍、篩選的具體對象均要有實施綱要。一般來講，篩選分以下幾個階段：

- · 初步篩選，去掉那些根本沒有用的客戶。
- · 入圍篩選，作為目標客戶。
- · 精選，能夠作為我們的服務對象。

挑選資料主要包括三個方面：

- · 確定資料檔案。
- · 檢查資料。數據庫文件確立以後，對文件的資料要素進行全面檢查，以確立每個資料至少的確切含義。
- · 挑選資料。從大量收集的資料中挑選有價值或可能有價值的資料進行錄入。這時要考慮資料的時間、可靠性因素。資料的選錄工作可由資料的提供者或數據庫裝入者來完成。

2. 認真填寫

對收集到的客戶資料要及時地填寫進「客戶檔案」中，隨時注意

客戶資料各項信息的變化並予以修正，以利於隨時使用。

企業可規定「本公司業務員與客戶第一次交易時，即依客戶檔案所列項目，將客戶資料調查確實後填寫」，而且「客戶資料有新動向時，即增補修訂」，「各分公司主管應協助和監督業務員做好客戶檔案工作」，「總公司應不定期抽查，列為業務部門專管項目」。

業務主管要指導業務員正確的填寫客戶檔案，並要求業務員在當日工作完成後，立即填寫客戶檔案。

如果業務員能夠在每訪問一家客戶前，細看該客戶交易卡上的過去銷售及收款資料，將有助於提高訪問推銷的成功率。

建立客戶數據庫是一個系統工程，而不是堆砌客戶資料。這個系統工程包括以下主要工作：

· 全面、及時、準確地收集客戶信息，並以科學的方法進行動態處理即讓信息「活」起來。

· 變被動（單向）的收集為雙向，讓企業和客戶間產生互動，只有互動的信息才是鮮活和有用的。

· 將「客戶信息」變為「客戶知識」。這裏的關鍵是對客戶信息去粗取精、去偽存真，根據企業的經營取向進行科學的處理和整理。

依據客戶知識，指導產品開發和客戶服務。

表 2-7 客戶資料卡

第_____銷售部隊　　　市場_____　　　客戶編號_____

客戶名稱			聯繫人	
地址			電話	
負責人資料	姓名		年齡	
	性別		民族	
	學歷		愛好	
	特長		住址	
	電話		手機	
主要員工資料	姓名	職務及重要性能力	性別年齡	和負責人之間的關係
資產資料	資金	固定資產	車輛	債務債權
經營資料	品種	廠家	時間	業績
網路資料	覆蓋區域		客戶關係	二批數量
能力資料	經營思路		吃苦精神	
信譽資料				
證照資料	開發時間		業績情況	開發業務員

填報人_____

表 2-8　客戶匯總表

第_____銷售部

市場	客戶名稱	地址	電話	客戶編號	ABC 類別

二、客戶檔案的管理

　　企業對客戶檔案的運用，必須填寫建檔，適當保存、加以管理、充分利潤，以提高銷售業績。客戶檔案的管理應注意以下事項：

　　· 業務員是否在訪問客戶後立即填寫客戶檔案？

　　· 客戶交易卡上各項基本資料是否填寫完整？

　　· 業務員是否能夠有效地利用客戶資料並保持其正確性？

　　· 業務主管應指導業務員盡善盡美地填寫客戶檔案。

　　· 客戶檔案要專人保管。

　　在每一銷售路線客戶名冊的封面上，注意路線別、負責的業務員、規定的訪問日期，以及該路線客戶的總資料，如每月平均業績、客戶形態等。

　　要求業務員每次訪問客戶前，應先查看該客戶檔案。（因檔案內有註明該客戶進貨日期、進貨數量、進貨種類、庫存數量等資料）。

　　· 業務員應分析客戶檔案，作為制定銷售計劃的依據。

　　· 有一些企業建立客戶檔案，但並沒有收到應有的效果，就認為

客戶檔案沒用。其實，不是客戶檔案沒用，而是企業沒有用好客戶檔案。

許多企業在客戶檔案建設過程中都存在著以下一些問題：

· 客戶檔案設計不合理。一些企業不是根據自己的需要設計客戶檔案，而是照抄書上或其他企業的客戶檔案，不完全適合自己企業的實際情況，或是設計很簡單，遺漏許多重要的項目，使客戶檔案失去其使用價值。

· 客戶檔案資料收集不全。

· 客戶資料陳舊。

· 沒有使用。建立客戶檔案不是目的，而是手段，是要用它來促進銷售。

三、客戶數據庫的分類

對數據庫進行科學的分類，是數據庫服務營銷的關鍵。分類的方法有好多，具體還是要看服務的層次與要求，有按消費金額的多少分類，有按使用時間的長短分類，有按新舊消費分類，等等。產品的使用與功能都將是分類的有效辦法。營銷者可以挑選出適合自己需要的資料類型。

如保險公司注重搜集人們的年齡、生命週期、健康狀況等資料，汽車銷售商主要想知道有關人群的職業、薪金收入、銀行存款等資料，百貨商店注意搜集顧客的購買頻率、購買金額、購買的產品和價格傾向、支付方式、特殊偏愛等資料。

四、客戶數據庫的鞏固

在數據庫處理過程中複雜、費時且費錢的一步就是記錄鞏固。許多公司從交易系統裏獲取顧客記錄，一個檔上存在著多種有關個人或家庭記錄。在這些記錄裝入數據庫之前，重覆的記錄必須被識別出來，有時還需刪除，這樣，營銷人同能清楚地瞭解有多少個顧客以及他們之間有什麼關係。

一個單一產品的公司，如果供貨系統中使用惟一的顧客身份證號碼或與之匹配的編號，也許每個顧客只需使用一個記錄。然而，許多公司，特別是金融服務行業，與單個顧客有著許多不同的關係。如果公司的資料處理系統是建立在帳戶基礎而不是顧客基礎上的，公司很有可能忽視它與一個顧客的全部關係，而且每個產品也會忽視顧客與公司其他部門的關係。

作為初步鞏固處理的一部份，公司可以選擇建立一個使用惟一的顧客身份號碼，將特定顧客的所有描述特徵聯結起來的交叉參照檔。顧客的身份證號碼應該是惟一的，而不是建立於顧客姓名和地址的基礎上（因為這些過一段時間後可能會改變），從而會使保持數據庫內資料一體化更加麻煩。

1. 重覆記錄識別

在將顧客姓名裝入數據庫之前，必須經過一個重覆記錄識別過程，以便判定那些記錄屬於同一顧客。

2. 地址標準化

在處理資料中，很可能會發現有的位址有錯誤，如街名有誤、街牌號碼倒置等，這時就需要進行位址標準化。舉個例子，「新化路 123

號」,「新化路 132 號」、「新民路 132 號」中那個是正確的？位址標準化軟體中能將這些位址與全國性的位址郵編數據庫進行比較,幫助營銷人員判斷。

3. 匹配

資料記錄中,由於同音字、形似字等原因,個人名字書寫有誤也是常有的事,例如同一地址對應著三個不同姓名:「余麗」、「余莉」、「佘莉」。在這種情況下,我們一般可以判斷這是同一個人,姓「餘」,但其名是「麗」還是「莉」就不好判斷,當然也不排除是「佘莉」的情況。因此,配對問題更複雜一些,也有專門的軟體幫助處理這一工作。

4. 刪除

為了使顧客的姓名地址更趨標準化,有時需刪除有關記錄內容。例如,有些和位址、姓名無關的內容可能混在一起,如「黃河路 88 號金色陽光」。當然,用刪除軟體做這一工作時,並非將不相關的信息徹底刪掉以至不能恢復,它同時實際上以隱含方式保留了這一信息,一旦需要這一信息,仍可恢復。

五、及時更新客戶數據庫

由於客戶信息總是在不斷變化的,如購買時間、購買方式、興趣轉化、位址搬遷等,所以營銷資料要經常進行更新。一般來講,客戶不管怎樣變化,身份證號碼是不會變的。所以許多企業都把客戶身份號碼作為數據庫的關鍵欄位,不去更改,而只是更改其他方面的資料內容。不同的企業對資料更改的內容、頻率等方面也各有不同,數據庫更新的頻率,反映著數據庫有關客戶信息的真實性與準確性。

如果客戶數據庫中的某些客戶已經變更地址,或者一些人已不在原公司上班,或者有些人只接受贈品,從不訂貨,花去企業不少的時間、人力和財力,那麼企業每次寄給他們的信件或打給他們的電話就可能會浪費,這樣的資料就應該從數據庫中刪除。

由於疏忽,客戶數據庫有可能重覆記錄了某位客戶的資料。這樣就會導致企業給同一目標顧客寄去兩份相同郵件而花費了多餘的錢,甚至還會激怒一些不想收到兩份同樣郵件的客戶,此時應合併這樣的記錄。

合併和刪除是保持客戶數據庫清潔、更新資料的兩個基本操作。一些公司往往定期花時間、人力清理郵寄名單和客戶數據庫,這樣就能使客戶數據庫的信息得到及時的更新。

心得欄

第 三 章

客戶的分級管理

1 客戶細分化決定行銷成敗

　　企業想要贏取客戶，一個首要問題就是要識別誰是自己的客戶？這些客戶又是如何細分的？客戶的需求及價值如何？處於客戶生命週期那一階段？

　　過去，許多企業傾向於將客戶等同為零售客戶和商務客戶，由於企業沿襲了傳統的看法或企業本身主要針對批發客戶或大訂單客戶。

　　隨著科學技術的日新月異，客戶與企業的接洽越來越密切，他們可以直接與企業取得聯繫。因此，為了使企業有獲得客戶需求的先見之明，有必要針對企業的目標客戶進行明確的企業客戶類型的劃分，透過信息和技術管理客戶的一個關鍵環節就在於定義客戶類型。

1. 客戶範疇

① 消費客戶

購買最終產品或服務的零散客戶，通常是個人或家庭。

② B2B 客戶

購買你的產品(或服務)，並在其企業內部將你的產品附加到自己的產品上，再銷售給其他客戶或企業以贏取利潤或獲得服務的客戶。

③ 管道、分銷商、代銷商

此類客戶購買你的產品用於銷售，或作為該產品在該地區的代表、代理處。

④ 內部客戶

企業(或相關企業)內部的個人或機構，需要利用企業的產品或服務來達到其商業目的。這類客戶往往最容易被忽略，而隨著時間的流逝，他們也是最能盈利(潛在)的客戶。

2. 聯想的一種客戶細分方法

聯想電腦公司在產品行銷(分銷)業務模式下關於客戶的一種細分，主要是將客戶分為銷售管道客戶和終端用戶兩種。管道客戶又分為分銷商、區域分銷商、代理商、經銷商、專賣店；終端用戶又分為商用客戶和消費客戶(個人或家庭客戶)等。其中，商用客戶又分為訂單客戶、商機客戶、線索客戶和一次性客戶。訂單客戶再細分為直接的指名大客戶、間接(管道)的指名大客戶、區域大客戶。具體結構如圖 3-1 所示。

圖 3-1　聯想的一種客戶細分示意圖

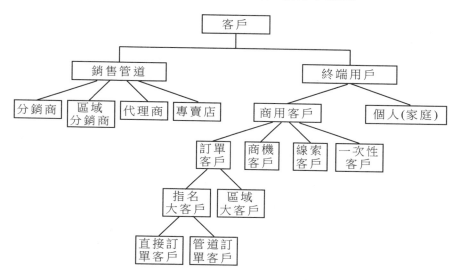

表 3-1　IBM 的一種客戶細分管理

IBM公司客戶細分	客戶關係	客戶價值	提供的服務
鑽石級	集團副總裁 集團客戶關係總監	營業額50% 利潤65%	個性化諮詢 IT規劃 完整的方案設計
黃金級	區域總裁 集團客戶關係總監	營業額25% 利潤15%	諮詢 個性化方案設計
白銀級	大客戶經理	營業額20% 利潤13%	標準方案 價格優惠政策
其他	營業額5% 利潤7%	標準方案或產品	

3.與客戶共贏的關係行銷

從認識客戶的需要角度，結合分析企業對客戶的價值定位，如下三類客戶概念：

其一，重視產品增值的客戶。透過銷售的努力帶給用戶產品之外新的價值，即企業為客戶增加利益，進而實現企業因增值服務帶來利潤。

其二，重視戰略合作關係的客戶。為少數大客戶建立特別的價值，即企業為客戶增加利益，實現客戶關係因素帶來企業持續的利潤增長。

其三，重視產品本身的客戶。企業儘量降低成本和簡化功能，即企業降低產品成本，做到因不斷降低成本而獲得利潤。

大客戶管理趨勢。特別要提出，現代商業競爭中大客戶不斷被關注、被強化，新的管理趨勢顯示 2/3 的企業正在與所選擇的供應商建立戰略聯盟關係，1/2 的企業正在更多地與供應商建立單一供應的關係，這一趨勢是建立大客戶牢固關係的證明。為此，湧現出四種類型的客戶關係——賣主、優先考慮的供應商、合作夥伴、戰略聯盟，它們與企業緊密程度是逐級遞增的。

在明確了誰是企業的客戶及客戶細分後，如何與客戶建立良好的客戶關係並使之持久，就必須提上議事日程了。

從理論上講，每一位客戶的需求都具有惟一性。從市場的角度看，每一個客戶都是一個細分的市場。如何有針對性地向客戶提供產品和服務，如何把握客戶的需求並以最快的速度做出回應，即如何吸引並保持客戶已成為當今企業競爭的焦點。企業在經歷了品質戰、價格戰、廣告戰以及內部重組之後，已開始將生存和盈利空間寄託在企業的客戶這一最重要的企業資源上來，力求透過獲得與客戶關係的最

優化來達到企業利潤的最優化。而共贏的「關係行銷」正是為了獲得與客戶關係最優化而提出的有效運作方式。

「關係行銷」就是企業根據客戶的特殊需求來相應調整自己的經營行為.它要求企業與每一個客戶建立一種學習型關係。所謂學習型關係是指，企業每一次與客戶的交往都使企業對該客戶增長一分瞭解，客戶不斷地提出需求，而企業按此需求不斷地改善產品和服務，從而使企業不斷提高令該客戶滿意的能力。與對企業最有價值的「金牌客戶」建立學習型關係尤為重要。

與客戶建立學習型關係的時間越長，客戶離開的成本就越大，因為當客戶重新面對一個新企業時，這種學習型關係必須重新開始，即客戶必須給新企業，即你的競爭對手，重新上一遍「課」！否則，他無法從新企業獲得同樣高品質的產品和服務，而這正是客戶離開你所要付出的昂貴代價。客戶需求變化得越快，客戶就越珍惜與企業的這種學習型關係。與客戶建立學習型關係，不僅可以使企業保持客戶，而且隨著時間的增長，客戶在享受企業提供的個性化、高品質的產品或服務的同時，會逐漸變得不再特別看重產品或服務的價格。在此情況下，產品或服務的價格已不再是企業競爭的主要手段，競爭者也很難破壞企業與客戶間的緊密關係。與客戶保持長期的學習型關係，企業不僅可以留住客戶，而且還能夠擴大盈利空間。

實施「關係行銷」的四個重要步驟：

第一步，客戶識別。企業必須與大量客戶進行接觸，至少要和那些對企業最有價值的「金牌客戶」打成一片，透過每一次接觸、每一種管道來深入瞭解客戶的點點滴滴，不斷積累客戶的個性化信息。

第二步，客戶差異分析。不同客戶之間的差異主要表現在兩點：一是他們對企業的價值不同；二是他們對產品或服務的需求不同。對

客戶進行有效的差異分析，可以幫助企業更好地配置資源，使產品或服務的改進更有效，識別並掌握最有價值的客戶以期獲得最大的收益。

第三步，保持與客戶進行積極的、良性的接觸。保持與客戶的積極接觸，及時、全面地更新客戶信息，從而加強對客戶需求的透視深度，更精確描述客戶的需求。企業應該將與客戶的每一次接觸都放到企業對該客戶的歷史記錄環境中，使每一次新的接觸都成為上一次接觸的無縫延續，從而得到一條連續的客戶信息鏈，使企業能夠對客戶的整個生命週期有一個全面的瞭解。所謂與客戶的良性接觸是指採用一種交流載體，這種載體對客戶來說最方便，而對企業來說性價比最高。Internet 就是這種載體之一。

第四步，確定個性化產品或服務。透過客戶識別、客戶差異分析以及與客戶積極和良性的接觸，企業應不斷調整自己的產品和服務，針對不同客戶提供個性化的產品或服務，以實現「關係行銷」。企業應力求將客戶，鎖定於學習型關係中，從而實現客戶的終身價值。

四個步驟中的前兩個即「客戶識別」和「客戶差異分析」，屬於企業的「內部分析」；而後兩個步驟則重在「外部行動」。企業應逐步實現由「內」到「外」的關係行銷。

2 客戶的分級管理

分類是在對客戶信息庫分析的基礎上，根據客戶的顯著特徵對其進行的類別劃分，如年齡、性別、區域等。此外，借助分類結果，應該基於客戶最近的交易時間、交易頻率、每次購買價值等多項指標對客戶進行分級與管理。

1. 客戶分類

對於制定有效的客戶服務策略來說，綜合衡量客戶的目前價值和未來價值並據此對其進行分級管理，是一種有戰略意義的客戶分類方法。

(1) A 類客戶：企業首要的客戶，也是企業應當盡最大努力要留住的客戶。

(2) B 類客戶：具有相當潛力的客戶，對這類客戶的維護，企業應有相當的投資保障。

(3) C 類客戶：企業的核心客戶，企業應逐步加大對這類客戶的投資。

(4) D 類客戶：企業沒能爭取到的客戶，由於一些不可控因素的影響，客戶的生命週期即將結束，企業應儘量減少對這類客戶的投資。

(5) E 類客戶：企業的低級客戶，企業應當縮小對其投資的力度。

(6) F 類客戶：無吸引力的客戶，企業應當考慮撤資，終止為這些客戶提供服務。

2. 客戶層級管理的意義

合理劃分客戶層級，對客戶進行恰當分類，是為了對不同的客戶提供合適的服務。例如，在航空公司舉辦的提升客戶忠誠度的活動中，最佳客戶可以獲得以下待遇：

· 優等的服務(快速換票，最後登機)；

· 商務貴賓休息室；

· 優先合作夥伴的待遇；

· 回贈點數；

· 更多的認可；

· 更好的支援服務(如傳呼中心等)。

為了對重要客戶提供高品質服務，企業要確保足夠的投資預算，並為客戶量身定制週到細緻的服務方案，以贏得並留住客戶，最終使其成為企業長期的忠誠客戶。

3. 客戶層級管理的實施

根據客戶的層級模型，對於不同層級的客戶需要採用不同的管理策略。要使管理策略發揮最大的作用，必須注意以下四個方面。

(1)不同層級客戶的屬性和特徵各異

當其他變數也能描述客戶層級時，應優先根據客戶贏利能力的差別，將重要客戶從目標市場中挑選出來。

通常，在客戶細分過程中找出某一客戶層級與另一客戶層級的差異是非常有用的，特別是年齡、性別、收入等特徵的不同，能幫助企業籌備合適的行銷活動。例如，主要由男性客戶構成的客戶層級和主要由女性客戶構成的客戶層級，兩者的服務策略及行銷管理通常是大不相同的。

(2)不同層級的客戶看待服務品質的方法不同

不同層級客戶的需要、慾望和感覺各不相同，他們對服務品質的定義也不相同，而且對企業的感覺也不盡相同。例如，有些客戶對價格非常敏感，而另外一些客戶則更在乎品牌形象。如果客戶需要不同的產品，那麼企業應向不同層級的客戶提供不同屬性組合的產品。

3 公司如何將顧客分類

顧客管理的基礎是顧客數據庫。根據數據庫中的資料和信息，我們可以將顧客分為不同的類型，對不同類型的顧客採取不同的行銷手段。例如作為顧客的供應商，A 類顧客是唯一選擇型的顧客，無論是什麼產品都會從我們這裏購買；B 類顧客是優先選擇型，只要我們能夠滿足他們的需求就選擇從我們這裏進貨，C 類顧客是可以選擇型，一般從其他經銷商處進貨，偶爾可以從我們這裏購買；D 類顧客是無交易型，從未從我方購買過任何產品。當然，也可以從另外的角度分析顧客，例如，根據用戶對公司貢獻的大小來分區顧客。A 類是一年購買額在 100 萬元以上；B 類是購買額在 50 萬元以上；……

加拿大 Geanel 公司就將自己所有的顧客分為 A、B、C、D 四個類別，並制定出相應的行銷策略。他們試圖花 40%的時間在 A 類顧客上，30%在 B 類顧客上，20%在 C 類顧客上，10%在 D 類顧客上。

A 類顧客大概佔公司所有顧客的 20%，是非常有利可圖並值得花大量的時間來服務的。他們主要從 Geanel 訂貨，訂單數量大，並且能很快付款。

　　B 類顧客大概佔公司所有顧客的 30%，大多數為本地生意並有潛力變為忠誠顧客，他們也可能從別的餐館供應商那裏訂貨。無論如何，因為他們從 Geanel 訂貨超過 50%，所以是值得花時間和金錢來建立忠誠度的。銷售代表 Gander 解釋道：「如果 B 類顧客在訂單的頻率和數量沒有上升或者如果他們向競爭對手訂購更多的東西，那我們給他們提供了太多的服務；在放棄一個 B 類顧客前，我們要找出他們從競爭對手那裏訂購更多貨物的原因。」

　　C 類顧客，大概也佔總顧客的 30%。他們的訂單大多給別的公司，但如果銷量上升的話，他們是有可能成為 B 類顧客的。C 類顧客是 Gander 想表示友善的新顧客，Gander 說：「我通常會將 C 類顧客的服務時間削減一半，但和這些顧客保持聯繫，並讓他們知道當他們需要幫助的時候，我總是會伸出援手。」

　　D 類顧客大概佔所有顧客的 20%左右。錙銖必較，忠誠度很低，不及時付款，訂單不多卻要求多多。Gander 承認：「對這些顧客我提供很少的服務，並僅限於透過電話就能完成。」

心得欄

客戶層級分類

在對客戶終身價值進行評價的基礎上，可以按四層級對客戶進行分類。

圖 3-2　客戶金字塔模型

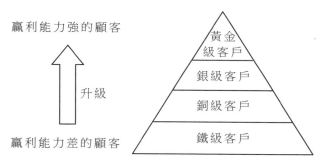

黃金級客戶。代表那些贏利能力最強的顧客，是產品的重度用戶，他們對價格並不十分敏感，願意花錢購買，願意試用新產品，對企業比較忠誠，這部份客戶數目較少。

銀級客戶。這個層級的顧客希望價格折扣，沒有黃金層級顧客那麼忠誠，所以他們的贏利能力沒有黃金層顧客那麼高。他們也許是重度用戶，他們往往與多家企業而不是一家企業做生意，以降低他們自身的風險。

銅級客戶。銅級客戶包含的顧客數量很大，能消化企業的產能，但消費支出水準、忠誠度、贏利能力不值得企業去特殊對待。

鐵級客戶。不能給企業帶來贏利。他們的要求很多，超過了他們

的消費支出水準和贏利能力對應的要求，有時他們是問題顧客，向他人抱怨消耗企業的資源。

如果企業所擁有的資料、信息足夠多，為了更好地分析客戶，更多層級以上的劃分更容易說明問題。一旦建設大型數據庫系統來進行客戶分類，那麼，就能得到更多層級的客戶細分，從而能針對不同客戶層級提供不同的服務。不同的客戶層級構成了客戶金字塔模型，客戶層級的數目可以超過四個，但在某些情況下，層級細分越多，就越難以處理。

客戶金字塔模型在管理上有很重要的意義，因為它是一種思考企業與客戶關係的新方法。

第一，層級劃分可讓企業分配資源更有效。因為佔據金字塔底部的多數客戶擠佔了企業的時間、精力和僱員的情感，而回報很少或企業無益。所以，企業不應當在所有顧客上花費相同的時間，這樣企業分配和運用資源更合理，有證據表明企業在頂級層級顧客上的投資會比在低層級顧客上投資所得到的回報要多。

第二，通過向金字塔頂端的客戶提供優質服務，企業可以提高聲望，口碑宣傳也更好，競爭地位也會加強。

第三，不同層級的服務目標不同，所以，向不同層級顧客提供不同服務能更好地滿足顧客的需求。最好，如果能清楚地劃分顧客需求，就能為不同層級開發新的服務，為目標市場提供更有針對性的產品，這樣，企業在市場上成功的機會更大。

客戶金字塔模型的管理方法，能把管理資源配置到更能改善企業贏利能力的顧客上。它是一種方法論，企業可用來分析贏利能力不同的客戶層級對服務質量變化的反應，從而為不同客戶制定不同的服務策略，並構建不同的關係。

5　挑選客戶

全面瞭解客戶的終身價值，可以使公司實現最多、最廣泛、最長久的價值創造型的客戶關係，從而達到公司利益最大化。

客戶策略包括：

· 有效地選擇客戶，鎖定潛在的高盈利性客戶；

· 管理現有客戶群，並根據客戶的利潤潛質給予獎勵；

· 投資於能為公司帶來高利潤的客戶，防止其流失，並確保其未來的盈利性。

客戶內策略旨在實現利潤最大化，其做法為：增加收入或降低成本；或者兩種方法並用。客戶內策略包括：多管道購物（收入最大化）、優化資源分配（降低成本），以及管理客戶的購買流程（收入最大化加降低成本）。最大限度地開發品牌價值也是客戶內策略的另一個關鍵所在。

可用於實現 CLV 最大化的前沿性行銷策略，我們稱之為「財富之輪」。實施這些策略是一個輪轉循環的過程，根據在實施這些策略過程中獲得的知識來決定未來該追求那位客戶，以及如何挑選具有最高盈利性的客戶群。

實現 CLV 最大化的循環是以基於未來盈利性而挑選正確的客戶開始的。照此實施的策略旨在有效管理和維繫客戶。下一步是協同管理這些客戶的忠誠和盈利能力。可以對盈利性客戶進行資源配置的優化，利用最有效的溝通管道，在最適當的時間發送適當的信息來聯繫

這些客戶，這樣，就會使有限的市場資源達到投資報酬率(ROI)的最
大化。

　　另一策略是選擇適當的產品，在適當的時間將其推介給適當的客
戶。為了實現這個目標，我們可以預測客戶的購買流程，並採取與之
相適應的行銷舉措。同時，防止客戶流失也是維繫最具盈利性客戶的
一個重要步驟。做法是：充分瞭解支出模式，在適當的時間干預，阻
止客戶終止與公司的關係。隨著網上商店、基於目錄的商家以及實體
商店的共存，多管道客戶管理便成為一個重要的策略。透過鼓勵客戶
多管道購買，並鼓勵他們選擇低成本的管道來進行交易，公司便可以
實現利潤的最大化。

　　銜接客戶的品牌價值和客戶的盈利能力是公司採取的另一種策
略。透過實施這一策略，公司可以識別用來提高品牌價值和優化資源
分配的領域，從而提升品牌價值並提高客戶的盈利性。

　　最後一個策略是將客戶的獲取、維繫和盈利性聯繫起來，鎖定適
當的客戶，維繫具有潛在高盈利性的客戶。透過這些做法，公司可以
確保未來的盈利能力。在制定有關客戶挑選和其他策略等未來決策
時，應考慮到在實施這些策略時獲得的經驗(信息)，以此確保一個能
夠實現利潤最大化的動態過程。

一、挑選客戶

　　要實施成功的行銷策略，第一步是挑選適當的客戶。挑選客戶是
至關重要的一步，這有幾個方面的原因。首先，公司的行銷預算是有
限的。管理者能得到的資源有限，因此對於該將它花費在什麼方面、
什麼人身上，管理者不得不作出選擇。其次，並非所有的客戶都具備

同樣的盈利性。大部份的利潤比率是由少量客戶產生的，因此需要瞄準那些具有高盈利能力的客戶，這也是挑選客戶策略的基礎。

　　從傳統意義上講，公司根據客戶的利潤對客戶進行排序，並根據這一排序決定資源配置的先後順序。為了達到該目的，公司採用了幾種挑選客戶的標準：如 RFM（最近一次消費-消費頻率-消費金額值）、SOW（錢包比率）、PCV（往期客戶價值），以及 CLV（客戶終身價值）。具有前瞻性的 CLV 標準在預測未來的客戶利潤方面是最成功的。

　　人們已經多次比較了傳統標準與 CLV 標準在挑選客戶方面的表現，發現 CLV 總是能夠提供更高水準的盈利能力。例如，在最近的一份研究報告中，研究人員根據各項標準，將來自某大型高新技術服務公司的客戶由好到壞依次排序，比較了前 15% 的客戶的總收入、成本和利潤。該項研究為期 72 個月（6 年）。研究人員在前 54 個月中得出的數據的基礎上，根據各項標準將客戶依次排序。在各項標準下，研究人員在未來 18 個月繼續觀察了前 15% 的客戶產生的總收入和利潤。

表 3-2　客戶挑選標準的對比

運用前 54 個月的數據來預測未來 18 個月內的購買行為（前 15% 的客戶）

	CLV	RFM	PCV
平均收入	30427	21201	21929
總值	9184	6360	6579
可變成本	107	100	95
淨值	9077	6260	6484

　　從表 3-2 中可以一目了然地看出，根據 CLV 值選定的客戶產生的淨值比那些根據其他傳統標準選定的客戶產生的淨值高大約 45%。這表明，利用 CLV 來挑選客戶遠比利用其他傳統標準挑選客戶更加有

效。這些研究結果充分證明，CLV 作為客戶評分和客戶挑選標準是行之有效的。

二、管理客戶的忠誠與盈利能力

通常，管理者容易陷入利用忠誠度來考量客戶的偏失，忠誠與盈利性之間的關係更加複雜，更加微妙。管理者透過引導市場資源來獲得和維繫忠誠，不僅選錯了目標客戶，而且忽視了具有潛在高盈利能力的客戶。這項策略明確了忠誠與盈利能力之間的關係，同時為管理者提供了協同管理忠誠和盈利能力的必備框架。

在策略執行的過程中，要強調區分行為忠誠和態度忠誠。行為忠誠指的是客戶透過直接的購買行為所反映的忠誠。態度忠誠指的是客戶對公司長期的忠誠，這是一種更高等級的忠誠。從傳統意義上講，公司歷來把行為忠誠作為衡量客戶忠誠的唯一因素，但是，這種衡量客戶的方法是有偏差的，往往並不可靠。協同管理客戶忠誠度與盈利能力策略解釋了如何衡量真正的忠誠，以及在實現盈利性的過程中行為忠誠和態度忠誠的作用。

實施該策略的第一步是根據客戶對公司的忠誠度和盈利能力將客戶進行分類。可採用幾項忠誠度和盈利能力的衡量方法。根據客戶的忠誠度和盈利能力水準，將他們進行分類，並且針對不同的客戶群採取不同的策略，這樣便可以實現客戶忠誠度和盈利能力的最大化。

將客戶分類之後，下一步是建立一個忠誠計劃，忠誠計劃旨在最大限度地提高公司的整體盈利能力。該策略提出了一個可以用於建立此忠誠計劃的框架，這一框架建議了幾個步驟，這些步驟可以用來建立和維繫那些盈利性客戶的忠誠。

並不是所有的客戶都具有同樣的盈利能力。在實施忠誠計劃時，我們應該始終記住這一點。一個公司的忠誠計劃應該可以根據客戶的盈利水準對客戶進行不同的獎勵。

下面介紹的一種分為兩級獎勵的做法比較適合忠誠計劃。第一級別的獎勵面向所有客戶，根據他們當前及往期的購買行為對其進行獎勵。在獎勵客戶及吸引新客戶方面，這一級別的獎勵簡單明確，易於操作。第二級別的獎勵旨在影響客戶的未來購買行為，這一級別的獎勵更具選擇性，它透過獎勵來影響客戶的行為忠誠和態度忠誠。

實施這一策略有助於公司建立和維繫那些盈利性客戶對公司的忠誠。提出幾個步驟，這些步驟可以用來建立一個更為健全、更具盈利性的忠誠計劃。

三、資源的最優配置

各家公司往往都受制於有限的行銷資源。由於這些資源不能分配給所有的客戶，這便提出了一個挑戰，理想的做法是公司只投資於那些具有盈利性的客戶，事實卻是許多公司持續不斷地將資源浪費在大量無盈利性的客戶身上，要麼投資於易於獲得卻並不一定具有盈利性的客戶，要麼設法提高所有客戶的維繫率，造成了有限資源的浪費。導致上述結果的原因之一是：這些公司沒有明確那些客戶才是最具盈利性的客戶，如何將資源投資在這些客戶身上，從而獲得利潤最大化。

該策略解釋了為什麼要對個別客戶進行資源優化配置。第一步，識別高盈利性客戶和那些對於行銷活動回應積極的客戶。第二步，對於每位客戶，確定應該如何正確綜合運用不同的接觸管道，這取決於每位客戶對於這些溝通管道(如電子郵件、廣告直接投遞、電話，以

及行銷員直接拜訪)的回應程度,也取決於這些溝通管道的成本效益。

實施該策略的第二步是決定聯繫客戶的頻率以及聯繫的間隔時間。此外,需要分析影響客戶行為的各種因素,例如升級(面向更高的產品類別)和交叉銷售(在不同的類別中)等。透過仔細監測客戶的購買頻率、購買時間的間隔以及貢獻利潤,管理者可以確定行銷措施的頻率來實現 CLV 最大化。

這一策略表明,將行銷措施應用於所有客戶並非明智之舉。事實表明,這種做法只會疏遠客戶,使客戶對行銷舉措的反應更加消極。建議採取一種更加有效的方法,那就是考慮每位客戶對各種溝通管道的回應,精心設計一種策略,透過實施該策略對有限的行銷資源進行分配。

四、選擇適當的產品,推介給適當的客戶

公司一直在嘗試預測客戶的購買行為,其中最常用的方法包括以下兩個步驟:

1. 估計一位客戶將選擇購買某產品的可能性;

2. 估計一位客戶將在某時間進行購買的可能性。

大部份公司都停留在第一步,這就限制了它們準確預測購買時間的能力。即使公司遵循上述步驟,可能也不會成功,因為在一個產品多樣化的公司中,預測一位客戶將購買什麼產品並非易事。從公司的角度來看,這卻是一條非常寶貴的信息,因為公司可以就此確定是否以及何時實施特定的溝通策略。能夠使公司傳遞關於客戶在不遠的將來有可能購買的產品的信息,這樣的策略便是理想的溝通策略,這種策略可以透過準確預測購買流程得以實現。

　　為了瞭解購買流程，我們需要分析客戶的購買記錄並估計未來購買的可能性，從而設計出最好的溝通策略。以下是需要解答的問題：

- ·客戶有可能購買那一類別的產品？
- ·客戶將間隔多長時間以及在那一個時間段購買？
- ·客戶可能會消費多少？（換句話說，客戶將會帶來多少利潤？）

　　該策略描述了一個有助於分析和回答上面問題的模型，並預測了每位客戶的購買流程。在回答了這些問題之後，下一步是設計一個最好的分配策略。該策略旨在有效地聯繫客戶以刺激他們再次購買。測試時，在 B2B 模式下，有可能購買的客戶中，有 85%實際進行了購買；相反，在傳統模式下，有可能購買的客戶中，只有 55%實際進行了購買。當該策略被應用在 B2B 模式中時，我們可以觀察到，投資報酬率提高了 160%，因此，該策略表明，購買流程的有效管理不僅透過準確預測和搶佔客戶購買的方法增加了收入，而且透過降低客戶溝通頻率的方法最大限度地降低了成本。

五、銀行也要調整客戶

　　德意志銀行克萊恩在記者會上說重組的德意志銀行，要和一半客戶吃散伙飯，希望精兵簡政重振盈利，要做「艱難決定」。

　　花了 20 年時間，德意志銀行打造成為全球投資銀行業的巨獸。如今，這家銀行正在把客戶名單削減一半，並從全球許多國家撤離。

　　德銀聯席首席執行官 John Cryan 表示，他將把經營重心放在能給公司帶來最多營收的客戶身上，並裁減職位和放棄若干交易業務，他希望割斷與「高風險」地區和「前景有限」客戶的聯繫。

　　Cryan 致力於整改一個 2014 年以來飄搖不定的企業同時，也意

味着他的计划将终结前任 Jain 曾经从事的版图扩张活动。后者把
德银塑造成欧洲最大投资银行和债券交易的领头羊。这位新的联席
CEO 在一个演示中展现了他对德银饱受批评的交易业务给出的整顿
策略，这个业务存在着「刻板的薪资文化」、风险与行为不善，以及
产品服务种类过多等问题。

　　「先前的管理层所作的一切都是为了市场佔有率，」Kepler
Cheuvreux 驻法兰克福分析师 Dirk Becker 说，「新的管理层更关注
盈利，以及每位客戶和产品可以绑定的资本来源的多寡。这次变化
很大。」

心得欄 ＿＿＿＿＿＿＿＿＿＿＿＿＿＿＿＿＿＿＿＿＿＿＿

＿＿＿＿＿＿＿＿＿＿＿＿＿＿＿＿＿＿＿＿＿＿＿＿＿＿＿＿＿＿

＿＿＿＿＿＿＿＿＿＿＿＿＿＿＿＿＿＿＿＿＿＿＿＿＿＿＿＿＿＿

＿＿＿＿＿＿＿＿＿＿＿＿＿＿＿＿＿＿＿＿＿＿＿＿＿＿＿＿＿＿

＿＿＿＿＿＿＿＿＿＿＿＿＿＿＿＿＿＿＿＿＿＿＿＿＿＿＿＿＿＿

＿＿＿＿＿＿＿＿＿＿＿＿＿＿＿＿＿＿＿＿＿＿＿＿＿＿＿＿＿＿

第 四 章

客戶深層分析

1 客戶構成分析

　　進行客戶分析是為客戶進行分類，其最終目的是找出對企業最有價值的客戶。因為對於多數企業來說，為每一位客戶特別設計服務內容，是非常不實際的做法。企業要正確地實施 CRM，就必須根據需要對其擁有的客戶進行合理的分類，並通過此分類建立起一對一的客戶服務體系，實行差異化客戶管理。一般說來，CRM 系統中的客戶分類方法並不固定，各企業可根據客戶數據庫中已有的信息和自身管理需要進行具體的分類。

　　在執行任何 CRM 計劃之前，企業必須把握服務對象的各種類型，針對每一種類型的客戶進行不同的互動，以創造最大的客戶忠誠度與企業利潤。客戶分類管理指的是根據客戶特性來區分客戶，並且以提高客戶利潤與企業長期獲得潛能的方式來管理這些不同的客戶。

長期以來，肯德基以回頭率劃分消費者：每週光臨 1 次以上的為重度消費者；大約 1 個月來消費 1 次的為中度消費者；半年來 1 次的算輕度消費者。

重度消費者佔 30%～40%，對於他們來說，肯德基和他的環境、習慣相聯繫，逐漸成為他生活中的一部份。

對重度消費者，肯德基的策略是要保持他們的忠誠度，不要讓他們失望。對於輕度消費者，在調查中發現很多人沒有光臨肯德基店的最大一個原因就是便利性，這只有通過不斷地開店來實現了。

在對客戶資料進行多方位收集的同時，還要對收集到的資料進行多方面的分析，這樣才能在客戶管理中更有針對性去面對客戶的要求、滿足客戶的需求，真正達到客戶的滿意。

1. 客戶的一般構成

- 將自己負責的客戶按不同的方式進行劃分。如可以分為批發店、零售店、代理店、特約店、連鎖店、專營店等。
- 小計各分類客戶的銷售額。
- 合計各分類客戶的銷售額。
- 計算出各客戶在該分類中佔分類銷售額的比重及大客戶在總客戶銷售額中的比重。
- 運用適當的分析方法將客戶進行分類。

2. 客戶與本公司的交易業績

- 掌握各客戶的月交易額或年交易額。具體方法有：直接詢問客戶；通過查詢得知；由本公司銷售額推算；取得對方的決算書；詢問其他機構。
- 統計出各客戶與本公司的月交易額或年交易額。
- 計算出各客戶佔本公司總銷售額的比重。

· 檢查該比重是否達到本公司所期望的水準。

3. 分析不同商品的銷售構成

· 將自己對客戶的銷售各種商品，按照銷售額由高到低進行排列。
· 合計所有商品的累計銷售額。
· 計算出各種商品銷售額佔累計銷售額的比重。
· 檢查是否完成公司所期望的商品銷售業務。
· 分析不同客戶的商品銷售，確定有潛力的客戶作為以後商品銷售的重點。

4. 分析不同商品銷售毛利率

將自己所負責的對客戶銷售的商品按毛利率大小排序，計算出各種商品的毛利率。銷售毛利率是毛利佔銷售收入的百分比，其中毛利是銷售收入與銷售成本的差，銷售毛利率也簡稱為毛利率。毛利率的計算公式為：

$$銷售毛利率＝[(銷售收入－銷售成本)/銷售收入]\times100\%$$

銷售毛利率表示每一元銷售收入扣除銷售產品或商品成本後，有多少錢可以用於各項期間費用和形成盈利。毛利率是企業銷售淨利率的最初基礎，沒有足夠大的毛利率便不能盈利。

如現在大型賣場的綜合毛利率在 10～20%，超市的毛利率在 15～18%，便利店的毛利率可能會在 20%左右。其實綜合毛利率的高低也不是一成不變的，它會隨著節假日的到來而隨之提升。一般來說，節假日的銷售中，高毛利商品的銷售額會有較大提高，從而對門店的毛利有一定的補充，這樣就有助於門店的管理人員合理補貨和安排利潤計劃。

5. 商品週轉率的分析

先核定客戶經銷商品的庫存量。通過對客戶的調查，將月初客戶擁有的本公司商品庫存量和月末擁有的本公司商品庫存量進行平均，求出平均庫存量。再將銷售額除以平均庫存量，即得商品週轉率。

商品週轉率＝銷售額/平均庫存量

6. 貢獻比率的分析

貢獻比率＝交叉比率×銷售額構成

對不同客戶商品銷售情況進行比較分析，看其是否完成了公司期望的銷售業務，某客戶暢銷或滯銷的原因何在，應重點推銷的商品（貢獻比率高的商品）是什麼。

2 誰是企業最有價值的客戶

區分客戶特性的主要指標是客戶行為、客戶價值與客戶利潤率。實際上，這三種方式各有其適用的場合，企業所要做的就是了解這三種方式的差異，知道何時該應用它們，以及如何從中獲得策略性和戰略性價值。

1. 客戶行為區分

對客戶進行購買行為區分是以客戶數據庫中的龐大數據庫作為後盾的，客戶數據庫和資料挖掘的出現，對於瞭解客戶非常重要。由客戶數據庫行為分析可以顯示客戶實際的行為——而非口頭承諾或表面態度。它還能夠獲得許多交易資料，包括所購買的產品或服務、

數量、時間、促銷與平日購買狀況。如果可能，還能得到人口統計、生活方式、生活階段等資料。

　　對客戶進行細分是市場營銷理論中極其重要一環，著名的 STP 營銷(即市場細分──選擇目標市場──市場定位)是現代營銷學不可或缺的重要組成部份，而這種細分關注的重點是客戶有無購買可能，企業的全部精力都放在吸引客戶這一目的中，一旦客戶到手，企業便認為大功告成，對於成為企業客戶的對象的深入研究是缺失的。

2. 客戶利潤率

　　許多企業堅信所有客戶一樣重要，應該一視同仁，這可以用於向消費者示好以獲得良好口碑，卻忽略了客戶所創造價值以及客戶對企業獲利貢獻的實際情況，每一位客戶對企業的獲利貢獻各不相同。柏拉托(Pareo rule)法則充分說明了這一點。

　　柏拉托法則又稱為 20/80 效率法則，還稱為柏拉托定律、最省力法則或不平衡原則。

　　早在 19 世紀末，柏拉托研究英國人的收入分配問題時發現，大部份財富流向小部份人一邊，還發現某一部份人口佔總人口的比例，與這一部份人所擁有的財富比率，具有比較確定的不平衡的數量關係。經濟學家把這一發現稱為「柏拉托收入分配定律」。

　　管理學家從柏拉托的研究中看重的是這一結果體現的思想，即不平衡關係存在的確定性和可預測性。正如裏查德科克有一個精彩的描述：「在因和果、努力和收穫之前，普遍存在著不平衡關係，典型的情況是：80%的收穫來自 20%的努力；其他 80%的力氣只帶來 20%的結果。」

　　「20/80 效率法則」告訴人們一個道理，即在投入與產出、努力與收穫、原因和結果之間，普遍存在著不平衡關係。少的投入，可以

得到多的產出；小的努力，可以獲得大的成績；關鍵的少數，往往是決定整個組織的效率、產出、盈虧和成敗的主要因素。也有人通過對客戶的分類發現，其中有 30%的客戶是不能為企業創造利潤，但同樣消耗著企業許多資源。因此，有人建議把「20/80」法則改為「20/80/30」法則，即在 80%的普通客戶中找出其中 30%不能為企業創造價值的客戶，採用相應措施，使其要麼向重要型客戶轉變，要麼中止與企業的交易。

「20/80 效率法則」揭示了這樣一個無情的事實：大多數企業 4/5 的努力是與成果無關的。因此，如果能夠瞭解客戶群的組成情況，按客戶利潤分類是為了分出那些客戶能為企業帶來最多的利潤，應多給予獎勵和最好的服務，以鼓勵他們持續消費；那些客戶耗費太多營銷成本，無法為企業創造利潤，不用花太多心思在他們身上，依據他們能為企業貢獻利潤的程度，過濾出有價值的客戶。事實上也確實如此，80%的收穫來自於 20%的付出，80%的結果歸結於 20%的原因。如果企業能夠知道，產生 80%收穫的究竟是那 20%的關鍵付出，那麼企業就能事半功倍了。

企業在依據客戶利潤率為客戶進行區分化時，主要考慮：

①在現有客戶群中，那些人能為企業貢獻實質的利潤？

②企業「主要」獲得來源，是由那一類型客戶所貢獻？

③現有的客戶群中，那些消費者是不能為企業帶來利潤，不必花太多的心思在他們身上的？

3. 客戶價值

客戶價值指的是客戶為企業創造的價值。它與客戶利潤率的標準看起來沒什麼兩樣，但是對於客戶利潤率的研究只是一種形態的研究。一種反映現狀的資料指標，缺乏預測的前瞻性，進一步的更加科

學合理的分類標準應該落實到客戶價值的分析上來。

　　Don Peppers 和 Martha Rogers 依據客戶價值將客戶分為：

　　①最有價值的顧客(most valuable customers，MVC)：他們是企業業務的核心，企業應該努力留住顧客，並持續維持其與企業的深度關係，絕對不能使其流失，甚至拱手讓給競爭對手。

　　②最具成長潛力的顧客(most growable customers，MGC)：這是指那些當企業發展前瞻性策略以增加與顧客往來的業務量時，會有更重大價值的顧客。

　　③毫無價值的顧客(below zero customers，BZC)：是指「無論企業如何努力都無法獲取足夠的利潤以平衡付出去的成本」。

3 企業如何善用 ABC 分類法

　　企業可按照不同標準對客戶進行分類，但在客戶管理營銷中，按照客戶價值分類，找到最有價值的客戶，才是企業最重要的工作，ABC客戶分類法就是種比較實用的客戶分類方法。

　　為了更便於企業找到自己最有價值的客戶，企業在進行客戶 A、B、C 分類前，應清楚：

1. 你識別自己的金牌客戶了嗎？

　　方法：運用上年度的銷售資料或其他現有的較簡易的資料，來預測本年度佔到客戶總數目 5%的「金牌」客戶是那些。

2. 那些客戶導致了企業成本的發生？

方法：尋找出佔到客戶總數目 20%的「拉後腿客戶」，他們往往一年多都不會下一單，或者總是令企業在投標中淘汰，減少寄送給這些客戶的信件。

3. 企業本年度最想和那些企業建立商業關係？選擇出幾個這樣的企業。

方法：把有關企業的信息加到數據庫中，對於每個企業，至少記錄三名企業聯繫人的聯繫方式。

4. 上年有那些大宗客戶對企業的產品或多次提出了抱怨？列出這些企業。

方法：悉心保持與這些大客戶的業務往來：派得力的營銷人員儘快與他們聯繫，解決他們提出的問題。

5. 去年最大的客戶今年是否也訂了不少的產品？找出這個客戶。

方法：趕在競爭對手之前去拜訪該客戶。

6. 是否有些客戶從本企業只訂購一兩種產品，卻會從其他地方訂購很多種產品？

方法：提請該客戶考慮，是否可以用企業的另外幾種產品代替其他企業的產品。

業務單位的 ABC 管理法

在劃分不同等級的客戶後，企業可分別採取不同管理方法：

1. VIP(A 級客戶)管理法

這類客戶是非常有利可圖並值得花費大量的時間來服務的。他們短訓班訂單數量大，信譽較好，並且能很快付款，對這類客戶的管理中應注意以下幾個方面：

- A 級客戶進貨額佔總銷售額的 70%～80%，影響相當大，應加強注意。
- 密切注意其經營狀況、財務狀況、人事狀況的異常動向等，以避免倒帳的風險。
- 要指派專門的銷售人員經常去拜訪這類客戶，定期派人走訪，提供銷售折扣，並且熟悉客戶的經營動態，業務主管也就應定期去拜訪他們。
- 優先處理 A 類客戶的投訴案件。

2. 主要客戶(B 級客戶)管理法

B 級客戶的進貨額只佔銷售總額的 10%～20%，略具影響力，平常由業務員拜訪即可。

這類客戶往往比較容易變為企業的忠誠客戶，因此，是值得企業花些時間和金錢來建立忠誠度的。如果這類客戶的定單頻率和數量沒有上升或者如果他們向部份對手訂更多的東西，那我們就要給他們提供更多的服務。在放棄一個主要客戶之前，我們要找出他們人競爭對

手那裏訂更多貨的原因。

3.普通客戶(C級客戶)管理法

這類客戶進貨額只佔10%以下，每個客戶的進貨額很少。對此類客戶，企業若沒有策略性的促銷戰略，在人員、財力、物力等限制條件下，可減少推銷努力，或找出將來有前途的「明日之星」，培養為B級客戶。對這類客戶，企業將對其服務的時間削減一半，但和這些客戶保持聯繫，並讓他們知道當他們需要幫助的時候，公司總是會伸出援手。

4.小客戶(D類客戶)管理法

在與這類客戶打交道過程中，他們往往是錙銖必較，忠誠度很低，不及時付款，訂單不多卻要求很多。對這些客戶企業應提供很少的服務。

企業會擁有許多客戶，然而能帶來較大的銷售額和利潤的客戶卻非常少。對那些重要的客戶，業務員要為他們花費更多的時間，否則就意味著對自己重點客戶的忽略。業務員要提高效率，就必須按照與客戶的成交量來規劃自己的推銷拜訪次數。總之，業務員要記住，時間是有限的，你應當把時間用在「刀刃」上。

某證券公司在解決客戶資料分析方面的問題時發現，他們的大客戶雖然僅佔公司中客戶的20%，但卻佔了公司利潤來源的90%。換句話說，有八成客戶讓公司幾乎賺不到多少錢。

因此，想要深入地瞭解客戶，可以試著根據客戶對企業所做的貢獻(收益或效益)，區分出客戶金字塔的分佈情況，並找出其中最重要的20%客戶。當然，這其中因產業或公司差異，比例往往不等。

在清楚地瞭解客戶層級的分佈之後，如果由營銷部門妥善規劃項目，依據客戶價值設計配套的客戶關懷項目，而後以業務部門的輔

助，依照客戶價值對 VIP 客店民定期拜訪與問候，確保重要客戶的滿意程度，藉以刺激有潛力的客戶升級至上層，結果將使企業在成本維持不變的情況下，產生可觀的利潤增長。

表 4-1　客戶訪問管理表

人員 等級	業務員		業務經理	市場總監	總經理或副總
A	走訪：每月 3 次	電話： 每月 2～3 次	走訪：1～2 個月 1 次	走訪： 半年 1 次	走訪： 1 年 1 次
B	走訪：每月 2 次	電話： 每月 1～2 次	走訪：2～3 個月 1 次	走訪：6～12 個月 1 次	有必要時
C	走訪：每月 1 次	電話： 每月 1 次			

5　對客戶盈利能力的分析

顧客是上帝，有時客戶也會是魔鬼，他們會給企業帶來壞帳、訴訟等。

每個公司都會在某些客戶身上損失金錢。公司頂部的 20%客戶創造了公司 80%的利潤，然而，其中的一半給在底部的 30%沒有盈利的客戶喪失掉了，這就是說，一個公司應該「剔除」其最差客戶以減少其利潤損失。由此，客戶管理的難題是：如何識別客戶的盈利率，以便留住盈利的客戶，剔除給企業帶來虧損的客戶，這就需要對客戶的

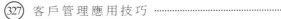

盈利率進行分析，確定其能給企業事業的預期收益。

　　大多數公司並不能測出個別客戶的盈利率，這很難做到，因為一個客戶交易成功之後可能利用不同的銀行服務，這些交易要跨越幾個不同的部門。一些將客戶交易成功地歸併一起的銀行，都對其無利可圖的客戶在其客戶中所佔比重之高感到十分吃驚。一些銀行報告表明銀行的零售客戶服務中有 45%以上是虧損的。因此，毫不奇怪，銀行許多不收費的項目現在都已改成收費，有些銀行甚至則制定客戶必須存 1 萬美元以上的儲蓄政策。

表 4-2　客戶/產品盈利分析模型

	客戶 A	客戶 B	客戶 C	產品類別
產品 1	＋	＋	＋	高盈利產品
產品 2	＋			盈利產品
產品 3		－		虧損產品
產品 4	＋		－	無利潤產品
	高盈利客戶	無利潤客戶	虧損客戶	

　　上表(客戶/產品盈利分析模型)顯示了一種有用的盈利分析方法。客戶按列排列，產品按行排列。每個方格就代表向該客戶出售某產品所獲的利潤。我們看到，客戶 A 在購買 3 個盈利產品時，產生了較高的利潤。客戶 B 則是混合型的，他買了一個盈利產品和一個無利潤產品。客戶 C 代表一個虧損客戶，因為他買了一個盈利產品和兩個無利潤產品，對此，公司可為客戶 B 和客戶做些什麼呢？它有兩種選擇：

　　· 提高無利潤產品的價格，或者取消這些產品。

　　· 盡力向這些能產生未來利潤的客戶推銷盈利產品。

　　如果這些無利可圖的客戶轉向其他供應商，這可能是好事情。所以曾有人提出，鼓勵無利可圖的客戶轉向競爭企業對公司是有利的。

　　最後，公司價值創造能力越高，內部運作的效率越大，它的競爭優勢也最大，公司的盈利也越大。公司不但要有創造高的絕對價值的能力，也要有相對於競爭者在足夠低的成本上的價值優勢。競爭優勢是指一個公司在一個或幾個方面的成績是競爭者無論在現在或將來都無法比擬的優勢。理想的話，競爭優勢是一種客戶優勢。公司應力爭建立持久和有意義的客戶優勢，用它們來成功地帶動客戶價值與滿意，這將導致高的重覆購買並使公司獲得高的利潤。

心得欄 ------------------------------------

第 五 章

客戶終身價值

1 客戶價值

一、客戶價值

　　客戶價值被認為是客戶對企業所提供的產品和服務的價值定義，它是客戶認知的各種因素的綜合。例如，產品的服務質量、企業形象、企業所提供的服務、客戶所付價格以及為獲得產品所承擔的成本等等。

　　也有學者認為客戶價值是指客戶的需要在情緒上被滿足的程度。Zeithaml(1988)提出，客戶價值是指消費者根據其所取得與付出的知覺，相對於所付出的代價對產品效用所做的全面評估，例如最普遍的物超所值的觀念。

　　從以上對於客戶價值定義的討論可以看出，客戶價值來自於客戶

對於「所感覺到的收穫」和「所付出的代價」之間差距的感覺，而客戶的這些感覺其實是存在著相互替換的關係到。例如，客戶願意付出較高的價格，利用速遞公司所提供的服務來換取時間上的節省。

當然，客戶價值只有在客戶需求被滿足的情況下才存在，而客戶的感覺和客戶的需求是否滿足是針對客戶的感受而言的，也就是說，客戶價值是由客戶本身所認知的，而不是由銷售者主觀的加以認定，因此，真正以客戶為中心、注重客戶價值的企業，必須通過客戶才能瞭解客戶真正的需求所在，以及客戶對價值的認知，並以此為據來創造真正的產品與服務。

二、客戶價值的三種命運

一粒麥子有幾種命運？有的說被人吃掉，有的說做種子，有的說老鼠啃掉了……答案可謂是千奇百怪，無所不有。

實際上，一粒麥子主要有三種命運：一是磨成麵粉被人們消費掉，實現自身的價值；二是作為種子播到田地裏，結出豐碩的果實，創造出新的價值；三是由於保管不善黴爛變質，失去自身的價值。

「客戶」如同「麥子」，「客戶」企業的命運如何呢？如果管理得當，麥子就會實現自身的價值；如果管理不善，它就會失去自身的價值。同樣道理，我們企業的客戶就好比麥子，如果企業對客戶管理有方，客戶就會熱情、積極地配合企業的各項政策或活動；而管理不善，客戶就會流失甚至產生較大的負面效應。

目前，許多企業在銷售管理過程中都普遍存在著這樣的問題，如員工的客戶意識淡漠、企業管理技術落後、客戶忠誠度低、應收帳款無法收回、客戶投訴解決緩慢、不能根據客戶需求迅速調整產品結

構,等等,這些問題的出現,其根本原因都在於企業客戶管理工作的欠缺。

「現代企業的命運在客戶手中,客戶是企業利潤的最終決定者。」越來越多的實踐證明,企業成功的關鍵在於重視客戶的需求,提供滿足客戶的產品和服務,有效地管理客戶,並確保客戶獲得較高的滿意度,以增加其重覆購買的可能性,從而通過維持長期的客戶關係來營造出一種最新、最前沿的競爭優勢。

然而,許多企業仍主觀認為,擁有高質量的產品,就能夠吸引大量的客戶群體,所謂「酒香不怕巷子深」,「皇帝女兒不愁嫁」,只要有了好的捕鼠器,就不愁抓不到老鼠。不幸的是,這種神話正在被逐漸打破,客戶的需求變得越來越挑剔,他們不僅要求高質量的產品,而且要求企業擁有快捷的反應速度,能夠全面滿足他們的需求。

三、如何提高客戶價值

我們如何提高客戶價值呢?提高客戶價值的關鍵是加強客戶認為重要的方面,以使客戶未來再次購買的可能性最大、購買量最大,並使客戶購買競爭對手產品的可能性最小。具體可能採用的方法如下:

1. 向客戶提供額外利益,提高客戶的轉移成本

企業可以為客戶提供個性化的產品、個性的消費體驗,同時通過不斷地與客戶交流,來滿足客戶的額外要求,在提升客戶關係價值的同時提高企業收益。

2. 與客戶建立學習關係

當客戶發現與其他企業建立關係的成本很高時,學習活動通常能

提升客戶價值，利用已獲得的客戶信息，建立學習關係，向客戶提供
個性化利益。只有與每個客戶建立一種「學習的關係」，企業才能讓
客戶變得更忠誠，更有贏利價值。因為企業能夠根據客戶的要求來調
整產品和服務，客戶會越來越好地理解企業的產品。通過一次次的互
動與調整，企業的產品與客戶需求的契合度不斷提高。此時，即使競
爭對手提供同樣的產品也很難吸引客戶離開。

3. 獎勵能提升客戶價值的行為

一般來說，對長期購買、客戶購買支出，甚至對消費經歷的長短
進行獎勵都是有效的。

4. 透過情感橋樑來增強與客戶的關係

一般來說，企業所掌握的客戶興趣、愛好或個人歷史的相關信息
是情感聯繫的基礎。如果客戶希望受到關心和讚賞，那麼特殊的讚賞
就能提升客戶價值，通過加強客戶與企業的情感聯繫，以及口碑推薦
的附加利益和聯誼活動都可能提升客戶價值。

如作為一家網上書店，亞馬遜公司最初把精力集中在向客戶提供
他們想要的每一本書上。在成功做到這一點後，亞馬遜公司認識到發
掘每個顧客的需求將會為企業帶來戰略性的競爭優勢。因此，對於每
一位在 Amazon.com 上購買過東西的客戶，公司都為其建立客戶偏好
信息數據庫。這樣做的結果是，無論什麼時候這位顧客訂購書籍，企
業的數據庫都羅列出一大堆書籍清單，按照相同作者和相同主題進行
排列，由於客戶並不知道還有那麼多可能引起其興趣的書籍，因此客
戶也非常歡迎這些購書建議。沒有多久，亞馬遜公司發現買書的客戶
也購買 CD 唱片和電影碟片，因而進一步擴展其產品線，以滿足客戶
的其他需要。

為了加強同客戶的關係，亞馬遜公司利用客戶的 E-mail 位址，

在徵求了客戶的意願後，向他們提供新產品信息，從而客戶慢慢習慣了在亞馬遜的網站上購買想要的所有書籍、CD 唱片和電影碟片。這樣的做目的也使得亞馬遜公司能建立與客戶的長久聯繫。

2 客戶終身價值的計算

　　對企業而言，客戶終身價值是一個非常重要的指標，這個指標可以預估對某一客戶群的營銷是否成功，如果成功的話，利潤大約是多少；反之如果失敗的話，就應取消對這群客戶的營銷。

　　計算客戶終身價值的過程就是把來自客戶的利潤加以量化的過程，現有的會計制度深受定期走帳的局限，壓根兒反映不了客戶價值的變化規律。幸運的是，你可以自己學著進行，而計算客戶終身價值所需要的惟一工具，可以從成本核算和常規的財務分析方面借來一用，其目的就在於找出新老客戶之間的重大差異，因為正是這類差異在影響著企業的現金流。

　　如果不將某個單一客戶看做是一次性交易的對象，而是隨著時間推移的一系列交易的對象，那麼就可以將爭取更大客戶業務比率的任務，看作是在使某個個體客戶對企業的終身價值、貢獻最大化。

　　任何一個客戶的當前價值，均是與該客戶採購需求相關的方流程，這些採購橫跨你提供的所有產品和服務。如果你能準確知道某個個體客戶，在未來的二三十年裏將會從你那裏購買什麼樣的產品和服務，那麼就能很容易地算出該客戶在這段期間對你的價值。你可以根

據客戶將會購買的產品，計算出每宗未來銷售給公司帶來的利潤增量，由此產生出一個未來利潤流；然後，你就可以針對該利潤流運用適當的折現率得出客戶的當前價值，就像你在進行所有淨現值計算時所做的那樣。

以上就是客戶終身價值的分析思路，但其實際的計算過程要複雜一些。首先為了計算出單個客戶的價值，你需要知道客戶數年之間會生成的年利潤模式是什麼；其次，你還需要知道他們有可能與你公司相處多少年。

例如，對於一家信用卡公司而言，客戶保留或使用這張信用卡的時間越長，他對公司的價值就越大。如果客戶停留滿兩年，即可創造 26 元的利潤（第一年給公司帶來 40 元的利潤，第二年 66 元，兩數相加並與獲得客戶所需要的成本 80 元抵消，淨得 26 元）。如果客戶停留 5 年，則累積可為公司創造 264（-80＋40＋66＋72＋79＋87）元的淨利，照此算來，10 年後公司可賺 760 元，20 後能賺 2104 元。

但是，照此方法計算所得的客戶價值僅僅是企業的未來收益，由於時間成本的存在，客戶的實際當前價值要遠遠低於這一數字。例如，給誰 760 元讓他為你當 10 年的客戶是行不通的，因為這筆利潤流的大部份產生於未來，而未來的現金不如今天的現金那麼值錢。為了算出未來收益在今天的價值得打進好多貼水才行。如果每年 15% 的贏利率令你滿意，你可以出錢請人給你當上 10 年的客戶，只要不超過 304 元就行，因為 10 年內積累的 760 元僅相當於今天的 304 元。（假定每年的利潤於 12 月 31 日兌現，那麼拿 1.15 元去除 1.3225 就能算出第二年利潤的現有價值，依此類推。）

在瞭解了客戶獲取成本和利潤模式之後，下一個順理成章的問題就是：在你的公司裏，一個新客戶的預期生命週期是多長時間呢？準

確地解答這一問題的惟一途徑，便是分別按照年齡、職業、收入、忠誠度或其他多種標準來推算客戶保持率。

推算客戶平均生命週期的最為簡單的辦法，便是算出整體流失率後把分子分母顛倒位置。首先，數一下一定時間階段內流失的客戶數，然後將此數換算成全年流失量並作為分子，再把最初的客戶總數寫作分母。假如你在 3 個月的時間內經手了 1000 名客戶，其中 50 名流失。換算成年流失量即是每年流失 200 人，佔當初 1000 人的 1/5。第二步就是把 1/5 顛倒成 5/1，也就是說你的客戶平均生命週期為 5 年。（若用百分比來表示客戶流失 1/5，是指流失率為 20%，亦即是說保持率為 80%。）

年保持率與客戶平均生命週期之間的關係表明，保持率上的小額增長即可在平均生命週期上體現可觀的變化，尤其是在保持率高達 80%以上時。例如 90%的保持率意味著客戶週期平均為 10 年，而 95%的保持率則意味著同一平均數增長 1 倍，可達 20 個年頭。

最後，為了正確理解我們將要給出的終身價值計算公式，我們再來回顧一下客戶價值的組成部份。來自任一單個客戶的利潤，可以被理解為針對客戶的銷售所創造出來的利潤，減去維護與那位客戶間的關係所支出的成本。再加上任何非銷售性、可以量化的利益（新客戶推薦，協作性利益等等）。

綜上所述，我們可以把某一個體客戶的終身價值（LTV）用如下算式進行表達：

$$LTV = \sum_{i=1}^{n} (1+d)^{-i} \pi_i$$

式中：

π_i——在第 i 期間從該客戶身上所得到的銷售利潤加上在第

　　i 期間所獲得的任何非銷售性利益（推薦協作價值等）；

d ——折現率；

n ——最後期間，為該客戶的生命週期。

3　客戶群的終身價值

　　以一家週刊雜誌為例，來詳細說明客戶群終身價值的分析過程。假設你是一家週刊雜誌的發行主管，你對新客戶制定的年訂費低於正常價格的一半，是 35.90 元，假設第一年的客戶有 40%在第二年流失掉了，而還有 60%的客戶以更高的正常價格 75.90 元繼續訂閱。繼則又有 65%的客戶在下一年接著訂閱，再下一年 70%，以此類推。假設可變成本——郵費、征訂費和印刷費扣除廣告收入——總計每年 30 元。

　　你可以很容易地用表格流程對此情形進行類比。你手頭已掌握了所有的統計資料，而你的目標只是要確定客戶的平均價值。假設第一年有 1000 名客戶，依照預測的成本和流失率，那麼些你能合理地期望從中獲得多少利潤呢？

　　如下表所示，如果你在第一年贏得了 1000 位客戶，那麼以後 10 年的收益流約為 10 萬元，按照 15%的利潤率進行折現，現值就是 67000 元，平均每位客戶 67 元。到了第十年原先的 1000 名客戶只有 65 位仍是你的客戶。另外，假設獲取一名新訂戶的費用是 50 元，那麼在扣除獲取成本之後，每位客戶的收益淨值就在 17 元左右。

表 5-1　客戶群終身價值的計算

年份	總訂數	訂費收入	變動成本	淨利潤	淨現值 （折現率 15%）
1	1000	60%	30000 元	5900 元	5900 元
2	600	65%	18000 元	27540 元	23948 元
3	390	70%	11700 元	17901 元	13536 元
4	273	75%	8190 元	12531 元	8239 元
5	205	78%	6143 元	9398 元	5373 元
6	160	79%	4791 元	7303 元	3645 元
7	126	80%	3785 元	5791 元	2504 元
8	101	80%	3028 元	4633 元	1742 元
9	81	80%	2422 元	3706 元	1212 元
10	65	80%	1938 元	2965 元	843 元

總金額：　　97695 元　　66940 元

終身價值　　6694 元

　　如果某份雜誌數年來的訂購量一直維持在幾十萬，那麼就可以相當直接地用模型計算其客戶終身價值。根據這個模型，我們只需把續訂率提高 2%，第一年從 60%提至 62%，第二年 67%，以此類推，「最終」的續訂率達到 82%，而非表中的 80%，那麼，平均新客戶的終身價值將提高 7.5%。如果贏得這些客戶的營銷成本仍為每位 50 元，那麼它的杠杆效果就很可觀了。僅將保持率提高 2%，扣除獲取成本後，每位新客戶的實際價值就能提高 25%——從 17 元升至 22 元。

　　根據上面的例子，我們可以歸納出在計算客戶群終身價值過程的 4 個關鍵步驟：

⑴計算出企業客戶群體流失率；

⑵計算客戶群體平均生命週期；

⑶計算客戶群體年平均利潤；

⑷利用年金現值法求出客戶群體終身價值現值。

嚴格的講，客戶群體終身價值的計算，應該是先算出企業每個客戶的終身價值，然後求和。但基於一般企業的特點，客戶數量較多，分別計算難度較大，為簡便起見，理論上作了一個假設，即企業老客戶的流失，與開發新客戶相等，且其業務量會保持相對的穩定。基於此，客戶群終身價值的計算公式可以表示為：

$$V_q = \sum_{t=0}^{T} \left[(Q_{qt} - C_{qt}) \times (1+i)^{-t} \right]$$

由於客戶群體的年利潤貢獻平均利潤計算，且假設每年相等，所以上式可表示為：

$$V_q = (Q_q - C_q) \times PVIFA_{iT}$$

式中：

Q_{qt} ——客戶群體年貢獻收入；

C_{qt} ——客戶群體年支出成本；

$PVIFA_{iT}$ ——年金現值係數，其他與單個客戶終身價值公式相似。

4 客戶終身價值的計量方式

　　客戶終身價值指的是某客戶未來能夠創造的利潤的淨現值。這一標準的優點在於它具有前瞻性，而傳統的計量方法卻是基於過去對利潤的貢獻，因此，客戶終身價值能夠使銷售商現在採取恰當的市場行銷活動以增加未來的盈利。此外，客戶終身價值是唯一綜合了所有能促進收益的元素的標準，包括收益、費用和客戶行為，因此，這一標準保持了以客戶(而不是產品)為利潤驅動因素。事實上，近年來，客戶終身價值不再僅僅是一種重要的標準，早已演變成了一種商業思維和行為方式。

圖 5-1　典型的客戶終身價值

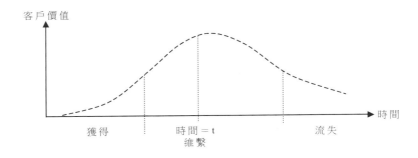

　　圖 5-1 顯示的是一條典型的客戶終身價值曲線。如果某經理要在 t 時間點做有關某客戶管理的某個決策，他究竟應該著眼於該客戶以前的價值還是其未來的價值呢？如果該客戶的未來收益與過去收益相比呈下降趨勢(如圖 5-1 所示)，那麼，決定降低以後花費在該客戶

身上的市場行銷支出也許是可行之策。

　　由於該標準具有前瞻性，客戶終身價值的值便是一種估計或預測，因此，採用適當的方法計量客戶終身價值是必要的。

　　客戶終身價值可以按照以下兩種基本方式進行計量：自上而下式和自下而上式。

1. 自上而下的方法

　　如圖 5-2 所示，自上而下的方法需要估算客戶的平均客戶資產（或終身價值）。估算方法是確定並計量公司或客戶群層面的客戶資產驅動力。例如，萊蒙、拉斯特和澤絲曼爾（Lemon，Rust and Zeithaml）將客戶資產的驅動力定義為包含價值資本、品牌資本和關係資本。這些驅動力的計量是建立在對客戶資產上述三種驅動力的客戶主客觀評估基礎之上的。計量這些驅動力的典型方法是一種基於調查的方法，因為這些驅動力中含有客戶的主觀評估（如客戶對公司品牌的態度和客戶的品牌意識），而主觀評估是不能直接觀測到的。

圖 5-2　自上而下計量客戶終身價值的方法

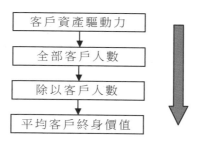

　　事實上，要以問卷調查的方式從每一位客戶那裏計量這些驅動力是不太可行的。因此，計量這些驅動力的典型方法是：先以小的客戶樣本為基礎，繼而推廣到全部客戶，從而得到有關公司層面或客戶群層面的客戶資產；然後，將公司或客戶群層面的客戶資產除以公司／

細分層面的全部客戶人數，得到的便是一位客戶的平均終身價值。

　　還有一種自上而下計算客戶資產的方法，具體做法是使用經觀測得出的有關公司層面的客戶綜合計量數據。這些計量數據包括公司的客戶總數、他們的增長狀況、每位客戶的平均利潤、平均客戶維繫率、平均客戶獲得成本，以及公司的貼現率。利用這些計量數據，公司便可以輕鬆地計算出公司層面的客戶資產了。

　　自上而下方法的主要優點在於，不需要公司全部客戶的客戶層面信息，便可以計算出客戶資產，用這種方法可以簡便地估算出一家公司的整體客戶資產。其潛在的缺點在於，該公司(或客戶群層面)所有客戶的客戶終身價值都是一樣的，因而，所有客戶都會受到相同的待遇。事實上，客戶的價值在客戶群(或細分)內有很大的差別。大多數公司遵循的是帕累托法則(20/80 法則)，也就是說，公司全部價值的80%通常是由 20%的客戶創造的。按照這一法則，我們應該採用一種能夠辨識出客戶價值中個人層面差異的計算方法。

2. 自下而上的方法

　　如圖 5-3 所示，自下而上的方法需要首先計算出公司每一位客戶的終身價值，然後匯總客戶群的全部數據，計算出公司/客戶群層面的全部客戶資產。

圖 5-3　自下而上計量客戶終身價值的方法

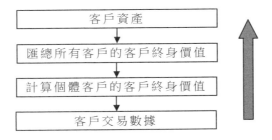

　　這一方法的關鍵是需要有客戶層面的數據，可是，並非所有的公司都能做到這一點。此外，統計出每一位客戶的客戶終身價值需要耗費大量的時間，對於擁有上百萬客戶的大公司來說，要做到這一點尤為不易。自下而上的方法可以對客戶層面的信息明察秋毫（如個體客戶的行為、對促銷的回應客戶的價值），而在利用自上而下的方法所得到的籠統數據中，這些可能都不出來。

心得欄

第 六 章

客戶信用額度管理

1 客戶信用等級管理

一、客戶信用等級管理

1. 不同信用等級客戶的管理

(1) A 級客戶

信用較好可以不設限度或從嚴控制,在客戶資金偶爾有一定困難,或旺季進貨量較大、資金不足時,可以有一定的賒銷限度和回款限期。但賒銷額度以不超過一次進貨量為限,資金寬限以不超過一個進貨週期為限。

(2) B 級客戶

可以先設定一個限度,以後再根據信用狀況漸漸放寬。一般要求現款現貨。但在如何處理現款現貨時,應講究藝術,不要讓客戶很難

堪。應該在摸清客戶確實已準備好貨款或準備付款的情況下，再通知公司發貨。對特殊情況可以用銀行承兌匯票結算，允許零星貨款的賒欠。

信用等級評價不是最終目的，最終目的是利用信用等級對客戶進行管理。營銷公司對各營銷區域應針對性不同信用等級的客戶採取不同的營銷管理策略。

(3) C 級客戶

應仔細審查給予少量或不給信用限度，要求現款現貨。C 級客戶不應列為公司的主要客戶，應逐步以信用良好、經營實力強的客戶取而代之。

(4) D 級客戶

不給予任何信用交易，堅決要求現款現貨或先款後貨，並在追回貨款的情況下逐步淘汰該類客戶。

(5) 新客戶

新客戶的信用等級評價。新客戶一般按 C 級客戶對待，實行「現款現貨」；經過多次業務往來，對客戶的信用情況有較多瞭解後（一般不少於 3 個月），再按正常的信用等級進行評價。需要注意的是，要提防一些異常狡猾的小客戶或經銷商，他們在做頭幾筆生意故意裝作誠實可信，待取得信任後再開始行騙。

2. 客戶信用等級的定期核查

(1) 客戶信用定期核查的原因

客戶信用狀況是不斷變化的，有的客戶信用等級往上升，有的則在下降。如果不對客戶信用等級進行評價，並根據評價結果調整營銷策略，就可能由於沒有對信用等級上升的客戶採取寬鬆的管理而導致不滿，也可能由於沒有發現客戶信用等級下降而導致貨款回收困難。

(2)定期核查的目的

定期對客戶的信用等級進行核查,可以隨時掌握信用等級變動情況,一般應一月核查一次,核查間隔時間最長不能超過三個月,對客戶信用等級核查的結果必須及時通知有關部門。

表 6-1 評估結果的信用等級符號及其含義

信用等級	信用狀況	含　　義
AAA 級	信用極好	企業的信用程度高,債務風險小,該類企業具有優秀的信用記錄,經營狀況佳,贏利能力強,發展前景廣闊,不確定性因素對其經營與發展的影響極小。
AA 級	信用優良	企業界的信用程度較高,債務風險較小,該類企業具有優良信用記錄,經營狀況較佳,贏利水準較高,發展前景較為廣闊,不確定性因素對其經營與發展的影響小。
A 級	信用較好	企業的信用程度良好,在正常情況下償還債務沒有問題,該類企業在具有良好的信用記錄,經營處於良性循環狀態,但是可能存在著一些影響其未來經營與發展的不確定因素,進而削弱其贏利能力和償債能力。
BBB 級	信用一般	企業的信用程度一般,償還債務的能力一般。該企業的信用記錄正常,但其經營狀況、贏利水準及未來發展易受不確定因素的影響,償債能力有波動。
BB 級	信用欠佳	企業信用程度較差,償債能力不足。該企業有較多不良信用記錄,未來前景不明朗,含有投機性因素。
B 級	信用較差	企業的信用程度差,償債能力較弱。
CCC 級	信用很差	企業信用很差,償債能力較弱。
CC 級	信用極差	企業信用很差,幾乎沒有償債能力
C 級	沒有信用	企業無信用。
D 級	沒有信用	企業已瀕臨破產。

二、客戶信用限度的確定

1. 信用限度的概念

信用限度又稱信貸限度，包括信用限額和信用期限，也是企業信用政策的一個組成部份。其主要內容有：

- 對某一客戶，惟有在所確定金額限度內的信貸才是安全的。
- 也只有在這一範圍內的信貸，才能保證客戶業務活動的正常開展。
- 確定信用限額的基準是客戶的賒銷款與未結算票據額之和。

2. 信用額度的確定

(1) 何謂信用額度

信用額度是指企業根據經營情況和每一客戶的償付能力規定允許給予該客戶的最大賒購金額。

對於商業企業和商業銀行，允許客戶信用卡透支的額度就是客戶的信用額度。企業信用管理部門應該根據企業的信用政策，接受企業的主要客戶的信用申請，確定其享受的信用額度，以便控制對其進行信用銷售的規模，避免客戶因過度賒購影響其償付能力，使本企業蒙受壞帳損失。

(2) 信用額度的運用

信用額度的確定在應收帳款信用管理中具有特殊意義，它能防止由於給予某些企業過度的賒銷，超過其實際償付能力，而使企業蒙受損失。當客戶的訂單不止一份，而是在一定時期內有連續多項訂單時，為了避免重覆的對客戶進行信用分析和信用標準的評估，就可根據測定對不同的客戶制定相應的信用額度。這樣便能控制客戶在一定

時期內應收帳款金額的最高限度。

⑶信用額度運用應注意點

在日常業務中，企業可以連續的接受客戶的訂單，辦理賒銷業務，對於每一客戶只要其賒銷額不超過其規定的信用額度，便可視為正常。一旦發現某客戶賒銷額達到其信用額度，並且賒銷規模還在是一步擴大時，便應重視對其進行信用分析，並經有關責任人批准後方能辦理賒銷業務。

關於發放給每個客戶的信用額度，它是企業批准客戶的信用申請賦予客戶額度的規定，是採用信用銷售方式開拓市場的信用管理部門日常工作之一。切記，不要向客戶濫施信用，讓客戶感覺企業沒有信用政策。一旦企業信用部門確定了發給客戶的信用額度，企業的銷售部門和倉庫在接到客戶的提單申請時，就有了處理的依據，只要客戶提貨的量不超過信用額度，有關部門就可以作為正常情況的提貨。

⑷企業合理信用額度確定

信用額度在一定程度上代表企業的實力，反映其資金能力，以及對客戶承擔的機會成本和壞帳風險。其額度過低將影響到企業的銷售規模，同時因增加同客戶的交易次數而使企業增加交易費用。但現在，企業發放給客戶的總信用額度過高會增加企業的信用銷售成本和風險。因此，企業信用管理部門應該根據自身的情況和市場環境，合理地確定信用額度。

3. 信用額度發放

⑴合理發放的意義

確定發放給客戶信用額度是企業信用管理部門日常和重要的工作之一，問題的關鍵在於科學地確定發放給每個合格客戶的信用額度，對比競爭對手的信用額度鬆緊給予客戶更優越的條件，增加銷售

收入。

(2) 合理發放的方法

關於科學地確定發放給客戶的信用額度，可以採取多種方法，常用方法有：

①收益與風險對待的原則。根據收益與風險對等的原則確定發放給客戶的信用額度。也就是說，根據客戶的全年採購量測算全年在該客戶處可獲取的信用銷售收益額，以該收益額作為發放給該客戶的信用額度。

②客戶營運資金淨額比例。根據客戶企業營運資金淨額的一定比例發放給客戶的信用額度。客戶企業在一定的生產經營規模下，其流動資產扣除流動負債後的營運資金淨額也是大致穩定的。由於客戶企業的營運資金可看做是快速償債的保證，企業可以根據客戶企業的營運資金規模，考慮客戶從本企業的採購在其購貨總額中的比重，以客戶營運資金淨額的一定比例作為本企業為客戶設定信用額度。

③客戶清算價值比例。根據客戶清算價值的一定比例，確定發放給客戶的信用額度。清算價值指的是客戶因無力償債或其他某種原因破產清算時的資產可變現價值。客戶企業的清算價值減去現有負債後尚有剩餘，企業可以批准客戶的信用申請，信用的額度可按照清算客戶企業的變現價值的一定比例確定。

信用額度實際上表示企業願意以客戶承擔的最大賒銷量。其限額的大小與信用標準、及作期限、壞帳損失、收帳費用等的大小直接有關。企業營銷管理和理財人員應在可能獲取收益和可能發生損失之間進行衡量，合理確定信用額度。但總的賒銷限額不能超過企業的信用承受額。

4. 信用額度定期核查

隨著市場經銷銷售情況和客戶信用情況等的變化,企業可能願意承擔的賒銷風險也在變化。過去可以接受的,過一段時間後,可能變成為企業不願意接受的風險。因此,每隔一個階段企業應對客戶的信用額度進行重新核定,對信用額度建立定期和不定期的檢查和修改制度,使信用額度經常保持在企業所能夠承受的風險範圍之內。

三、客戶信用控制

1. 採用客戶信用控制

採用較嚴格的客戶信用控制制度,對每個用戶都建立檔案,對每個客戶購貨數量、付款情況都有記錄。根據用戶不同的信用情況、業務量大小給予客戶相應的信用限度,如果超過規定的時間(信用天數)不付款或訂貨總量(欠款金額+新訂單金額)超過信用限度,就停止發貨。

2. 信用限度調整

信用限度的調整必須由營銷人員提出申請,填寫信用限度申請表,再報告各級經理審批同意後交財務部審核並按建立的信用限度的原則予以確定。隨著客戶業務飛速的變化和發展,一般每三個月應對客戶信用情況進行一次分析和調整,特殊情況需要調整的,需經理和財務總監批准後才可進行調整。

圖 6-1　客戶信用額度申請表審批流程圖

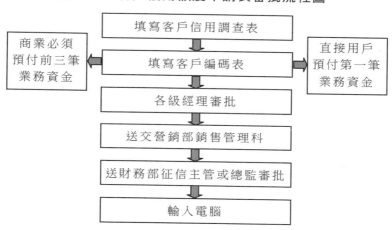

3. 客戶信用控制情況

一旦客戶出現如下情況：

欠款總額+合約金額＞信用限額

欠款時間超過規定的信用天數。

企業對該客戶新訂單就不能履行，該客戶便進入了黑名單。如果企業使用電腦管理的，配貨單就不能開出，並發出了預警報告。如嚴重超過信用限度亮紅燈；達到信用限度亮黃燈；如不超過信用限度亮綠燈。

進入黑名單的客戶要由有關部門審核分析原因，並採取相應措施，在增加銷售和防止壞帳中取得一個平衡點。一般對「黑名單」的釋放，必須經財務總監或經理審批後方可釋放。財務總監或總經理一般在以上兩種情況才會批准：一是客戶已付款（可能在銀帳戶上還未進公司帳戶，可憑付款憑證）；二是填寫「申請發貨表」，此表要清楚地填寫表格內的每一項內容，必須詳細說明發貨理由。

表 6-2 客戶信用限度核定表

客戶編號						
客戶名稱						
地　　址						
負 責 人						
部門類別	以往交易 已兌現現額	最近半年 平均交易額	平均 票期	收款及 票據金額	原信限	新申請信限

主辦信用綜合分析研判(包括申請表的覆查、經營盈虧分析、償債能力、核定限度的附帶應注意事項等)	信限的核定 或審查意見	簽章及日期
	營銷人員	
	營銷主管	
	營銷經理	
	總 公 司	
	生效日期	

2　客戶的信用分析

　　規避風險、嚴守信用、確保經濟交往中的各種契約關係的如期履行，是整個經濟體系正常運行的基本前提。市場經濟越發達，各種經濟活動的信用關係就越複雜。隨著經濟的發展，企業加強自身及其客戶的信用管理，建立和完善企業的信用調查、信用評估和信用監控體系，以保證各種信用關係的健康發展及整個市場經濟的正常運行，具有十分重要的意義。

　　對客戶進行信用管理，是客戶管理的主要工作內容之一。客戶信用管理包括四個方面：一是客戶信用調查，二是客戶信用評價，三是客戶信用額度管理，四是企業信用政策的完善。

一、利用機構進行信用調查

1. 通過金融機構（銀行）進行調查

　　通過金融機構調查可信度較高，所需費用少；但很難掌握資產情況及具體細節，因客戶的業務銀行不同所花調查時間會較長。

2. 利用專業信用調查機構進行調查

　　這種方式能夠在短期內完成調查，滿足需求，但經費支出較大。同時調查人員的素質和能力對調查結果影響很大，所以應選擇聲譽高，能力強的信用調查機構。

3. 通過客戶或和業組織進行調查

這種方式可以進行深入具體的調查。但受地域性限制,難以把握整體信息,並且難辨真偽。

4. 內部調查

詢問同事或委託同事瞭解客戶的信用狀況,或從本公司派生機構、新聞報導中獲取客戶的有關信用情況。

二、客戶信用調查

收取貨款的第一法則是:將商品銷售給能確實收回款的客戶。因此,交易前公司的業務人員必須對客戶進行信用調查。客戶信用調查就是選擇客戶,把不合格的客戶剔除掉,留下合格的客戶作為交易對象。在對客戶進行信用調查時,留下詳盡的客戶信用調查表和客戶調查報告,以便能夠隨時對客戶進行信用分析。

1. 客戶信用調查的時機

在下列情況下,要對客戶進行信用調查:

· 與新客戶進行和第一次交易時。

· 謠傳客戶經營形勢不好時。

· 客戶的訂單驟增或驟減時,特別是客戶大量進貨時。

· 客戶要求授信或老客戶的資料超過一年或客戶改變交易方式時,也應對客戶的信用情況進行調查。

· 其他影響企業信用的異常情況。

無論如何,與客戶的交易狀況,或客戶本身有所變化時,業務員就要儘快地收集信息,進行分析,制定對策。若不能經常謹慎地保持安全的交易關係,有時就可能遭殃。

必須說明的是，客戶的信用狀況是不斷變化的。因此，對客戶的信用調查也要經常進行。業務員要及時地瞭解客戶的信用變化情況，以便及早發現問題，進行處理。

2. 客戶信用調查的內容

對客戶信用調查，因交易性質不同、金額大小有異，調查內容、程度上各有不同，業務人員要瞭解的內容主要包括以下方面：

(1) 品格

· 負責人及經理人員在業界的信譽。

· 負責人家庭生活是否美滿？

· 兒女教育情形，家人是否居住國外？

· 負責人學歷及背景。

· 個人嗜好為何？有無迷戀賭博？

· 有無投資股票市場？

· 有無外遇等行為？

· 票據信用如何？有無退票等不良記錄？

· 以往有無犯刑事案件？

· 目前公司有無與人訴訟，情形如何？

· 銀行界評價如何？貸款有無逾期與延滯情形？

· 勞資關係是否融洽？員工福利如何？

· 負責人與股東消費習慣如何？有無過當情 形？

· 有無參加社會慈善活動與公益事業？

· 有無重大逃漏稅的行為？

· 財務報表是否可靠？

· 企業以往有無不正當經營手法，有無財務糾紛？

(2) 能 力

- 負責人與經理人的專業知識如何。
- 負責人經營本業的經歷如何？經歷越久越佳。
- 主要幹部的專門技術。
- 幹部與員工在職訓練情形。
- 負責人健康情形，有無培植第二代繼承人？
- 有無沉溺於私人嗜好，而鬆懈經營本業？
- 是否有兼營副業？
- 負責人與經理人有無成本觀念？
- 有無因應付局勢變化的能力？可從企業過去重大決策是否成功來觀察。
- 機器開工率如何？維護情形是否良好？
- 企業有無電腦化，使用情形如何？
- 員工士氣與效率如何？有無不滿情緒？
- 公司的服務態度如何？
- 企業產銷能力如何？是否有競爭力？
- 企業財務調度能力如何？
- 有無被人倒帳？
- 負責人的經營理念、經營與管理能力如何？
- 是否有營業執照？是否為合法公司？
- 企業內部控制是否健全，收付款情形是否良好？
- 負責人財務觀念，個人財務與公司財務是否分開？

(3) 資 本

- 企業資本如何？自有資本是否過少？
- 負責人與股東財力是否雄厚？

- 負責人所持股份對公司的控制力如何？
- 銀行關係如何？存款實績如何？
- 有無其他企業所持股份，其營業情況如何？
- 銀行借款情形，是否過當？還款情形如何？
- 在同業中是否經常向人借貸？
- 最近有無重大不動產的轉讓與購買？
- 財務結構是否良好？
- 固定資產的投資情況，有無擴張過度的情況？
- 負債比率如何？是否超出公司負債能力？
- 產品庫存量是否適當？有否大量積壓情形？
- 公司收付款情形如何？收付款期間變動情況如何？
- 有無經常遲延付款或請求緩兌現現金支票？
- 資產是否適合經濟規模，有無閒置資產？
- 現金調度情況，有無被擠佔挪用情形？
- 企業成立幾年？是老企業還是新企業？
- 企業近年來獲利性與股份分配情形。
- 員工年終資金發放情形。

(4) 擔保品

- 在擔保人方面、保證人、背書人、發票人的財務信用如何？
- 保證人、背書人與公司的關聯度。
- 在物的擔保方面，擔保品的市場情況與存放地點。
- 擔保品價值是否穩定？變現性是否高？
- 擔保品處理後的實價如何？
- 若處理擔保品是否花費很大？
- 企業還有什麼不動產可供抵押擔保？

- 擔保品應以處理容易，易於保管者為佳。
- 客戶任何不動產，如都設定高額抵押時，應特別注意，是否財務週轉困難？

(5) 企業情況

- 客戶在生產與銷售上，短期發展預測是否良好？
- 在同業間競爭能力如何？品質如何？
- 法令政策改變對企業的影響情況如何？
- 企業研究發展與技術改進能力如何？
- 市場的情況如何？有無惡性競爭情況？
- 客戶在業界地位，所佔的比重與影響力如何？
- 外部經營環境對企業有何影響？
- 近期內公司產品有無替代產品出現？
- 近年來客戶產品售價變化與趨勢如何？
- 客戶信用調查的重點
- 是否是正當經營？
- 銷售能力如何？
- 付款能力如何？
- 信譽如何？　　 · 有無不良嗜好？有無迷戀賭博？
- 獨資或是合夥？　　 · 是否還有其他事業？
- 社交狀況如？　　 · 家庭狀況如何？

3. 客戶信用變化

客戶的信用變化主要表現在以下幾個方面：

(1) 付款變化

- 延遲付款期限　　 · 付款日期經常變更
- 由現金變為票據　　 · 付款的銀行改變

- 小額付款很乾脆，大額付款常拖延
- 在付款日期，負責人不在
- 不按清款支付　　· 要求取消保證金

(2) 採購進貨廠商急速改變

- 訂貨額突然減少
- 原本向競爭企業的採購額全部轉移到本公司
- 沒有訂貨　　· 要求迅速出貨
- 毫無理由地突然增加訂貨額

(3) 營業上的變化

- 銷售情形突然惡化　　· 銷售對象破產
- 銷售對象大量退貨　　· 突然開始大量傾銷
- 開始銷售毫無關聯的產品　　· 庫存量銳增或銳減

(4) 員工變化

- 不斷有人辭職　　· 多數人抱怨不滿
- 發生相當金額的透支　　· 員工無精打采，工作態度惡劣

(5) 經營者的變化

- 插手毫不相關的業務　　· 吹牛自誇

4. 客戶信用調查表格

我們從信管理的角度出發，利用「客戶信用調查表」、「客戶印象主人表」、「信用客戶等級評定表」、「信用調查判斷標準」、「信用級別的設置」等一系列工具，給出一個簡單的、用於判斷是否需要進行信用調查的標準。

表 6-3 客戶信用調查表

第_____銷售部　　　　　市場：_____

客戶名稱			地　址		編號：_____		
負責人基本資料	姓　名		出生年月				
	電　話		民　族		學　歷		
	住　址		手　機		宅　電		
	特　長		不良嗜好				
	興趣/愛好						
	個人簡歷						
	家庭情況						
法律手續	稅務登記						
	工商登記						
財務狀況	銀行資料						
	帳目資料						
資本狀況	固定資產						
	流動資金						
經營狀況	產　品						
	產　品						
	產　品						
交易歷史							
結帳情況							
同行評價							
潛在危機							
業務中評價							
信用額度申請							
銷售經理意見		總助意見		總經理意見		信用額度確立	
資料更新							

填報人：_____　　　　填報時間：_____

表 6-4　信用客戶等級評定表

類別(100)	說　　明	權數	選擇	積分
企業性質 20 分	上市公司	0.8		
	大型控股企業	0.7		
	中小型企業	0.5		
	民營企業	0.3		
	個人獨資，合夥企業	0.1		
資本情況 20 分	註冊資本 50 萬元以下	0.4		
	註冊資本 50 萬元～1000 萬元	0.7		
	註冊資本 1 億元以下	0.9		
	註冊資本 1 億元以上	1.0		
提供抵押情況 20 分	開具銀行承兌匯票	1.0		
	提供相應數量的資產抵押	0.8		
	有來自第三方的擔保	0.6		
	商業承兌匯票、遠期支票	0.5		
以往付款情況 20 分	信譽良好，每次都能按期付款	1.0		
	付款情況不大穩定，但還算可以	0.8		
	頻頻拖欠付款，現金週轉不靈	0.6		
	貨款拖欠嚴重，近期已有法律訴訟	0.5		
產品競爭力 5 分	高新技術產品	1.0		
	有競爭力的知名品牌	0.9		
	產品質量良好，有吸引力	0.8		
	一般產品	0.6		
持續經營情況 5 分	新成立不到兩年的企業	0.2		
	處於高速成長的企業	0.3		
	經改制、重組後企業	0.8		
	負擔較重的老企業	0.4		
	成立兩年以上，發展平衡的企業	1.0		
管理秩序 5 分	管理經驗豐富，名聲較好	1.0		
	較大的決策都由董事會做出	0.8		
	由一個最高管理者個人決策	0.4		

評定：_____　　審核：_____　　核准：_____

說明：

(1)在利用信用客戶等級評定表進行評分時，如果某項信息不詳或無法獲得，則此項得分為 0。

(2)在信用客戶等級評定表中，對於新客戶，沒有用於判斷「以往付款情況」信息，則使用以下公式計算最終得分：最終得分＝(實際得分/80)×100。

(3)除對新信用客戶要進行等級的評定和信用額度的核定之外，對老客戶也應該定期進行信用等級的審核。此時，可使用同樣的方法決定是否進行信用調查。

(4)除對新信用客戶的信用審核和老信用客戶的定期審核外，當客戶出現以下非正常情況時，也應該進行信用調查，並將調查結果作為判斷與客戶進行交易時應採取的行動準則。

(5)對重要業務相關企業也應該進行必要的信用調查，包括：重要供應商、投資合作夥伴、主要競爭對手、其他重點關係企業和機構。

心得欄 ＿＿＿＿＿＿＿＿＿＿＿＿＿＿＿＿＿＿＿＿＿＿＿

＿＿＿＿＿＿＿＿＿＿＿＿＿＿＿＿＿＿＿＿＿＿＿＿＿＿

＿＿＿＿＿＿＿＿＿＿＿＿＿＿＿＿＿＿＿＿＿＿＿＿＿＿

＿＿＿＿＿＿＿＿＿＿＿＿＿＿＿＿＿＿＿＿＿＿＿＿＿＿

＿＿＿＿＿＿＿＿＿＿＿＿＿＿＿＿＿＿＿＿＿＿＿＿＿＿

＿＿＿＿＿＿＿＿＿＿＿＿＿＿＿＿＿＿＿＿＿＿＿＿＿＿

表 6-5　信用調查判斷標準

級別	評分標準		級別說明	說　明	信用調查決策
	上限	下限			
AA	100	90	信用極好	企業資金實力雄厚，資產質量優良，經營管理狀況良好，效益明顯，清償支付能力強	無需信用調查
A	89	80	信用優良	企業資金實力強，資產質量較好。經營狀況較好。經濟效益穩，有較強支付能力	無需信用調查
BB	79	70	信用較好	企業資金，資產質量一般，有一定實力，經濟效益不夠穩定，清償支付能力有一定難度，但不致發生危機	需要進行信用調查
B	69	60	信用一般	企業信用程度一般，企業資產和財務狀況一般，各項經濟指標處於中等水準，可能受到不確定因素影響，有一定風險。	需要進行信用調查
B-	59	50	信用欠佳	企業信用程度較差，企業資產和財務狀況差，各項經濟指標處於較低水準，清償與支付能力不佳，容易受到不確定因素影響，有風險。該類企業具有較多不良信用紀錄，未來發展前景不明朗，含有投機性因素。	需要進行信用調查
C	49	40	信用較差	企業信用程度差，償債能力較弱，表示企業一旦處於較為惡劣的經濟環境下，可能發生倒債，但目前尚有能力還本付息。	根據信用政策決定
D	39	0	信用很差	企業信用很差，企業盈利能力和償債能力很弱，投資安全保障較小，存在重大風險和不穩定性，幾乎沒有償債能力。	根據信用政策決定

說明：

⑴初評獲得以上信用等級，可以不必進行信用調查。

⑵初評獲得 B、B、BB 三個信用等級則應該進行信用調查，以最終確定信用等級和信用額度。

⑶初評獲得 C、D 信用等級，是否進行信用調查需要根據企業的信用政策決定。如實行保守的信用政策，則無須進行信用調查，信用申請不予批准。如實行積極的信用政策，則需要進行信用調查，充分瞭解風險後，決定是否核准信用申請。

3 客戶信用評價

1. 客戶信用評級方法

企業無論運用那種方法評價，評出客戶信用狀況後，最終都要給客戶信用評定出等級來，便於在實際工作中運用相應的等級信用限額和期限，靈活的開展營銷和回收貨款服務。客戶信用等級一般都設 A級、B 級和 C 級和 D 級。也有在 A 級中分為 AAA 級、AA 級、A 級；在B 級別分為 BBB 級、BB 級、B 級；將 C 級分為 CCC 級、CC 級、C 級的。這樣便有四級十個檔次。

2. 客戶信用評級內容

客戶不同的信用等級代表著一定內容。

(1) A 級

該類企業贏利水準很高；短期債務支付能力和長期債務的償還能力很強；企業經營處於良性循環狀態，不確定因素對企業經營與發展的影響很小。

(2) B 級

B 級客戶的贏利水準在同行業中處於平均水準，具有足夠的短期債務支付能力和長期債務償還能力；企業經營處於良性循環狀態，但企業的經營和發展易受企業內外部不確定因素的影響，從而使企業的贏利能力和償債能力產生較大的波動。

(3) C 級

C 級客戶的贏利水準相對較低，甚至虧損；短期債務支付能力和

長期債務償還能力不足，經營狀況不好；促使 C 級客戶經營與發展走向良性循環的因素較少。

(4) D 級

D 級客戶虧損嚴重；基本處於資不抵債的狀態，短期債務支付困難，長期債務償還能力極差；經營狀況一直不好，基本處於良性循環狀態，促使 D 級企業走向良性循環狀態的內外部因素極少，企業瀕臨破產或已經資不抵債，屬破產企業。

業務人員要定期地對客戶進行信用評價，可以根據情況把客戶分為 A、B、C、D 四級。A 級是最好的客戶，B 級次之，C 級一般，D 級最差。同時，根據信及評價結果確定銷售政策。

3. 客戶信用評價的依據

信用評價主要依據回款率(應收帳款)、支付能力(還款能力)、經營同業競品情況三項指標來確定。

(1)回款率(應收帳款)

不同企業可以有不同的規定。例如雙彙集團規定 A 級客戶的回款率必須達到百分之百，如果回款率低於百分之百，則信用等級的相應降低。評價期內低於 55，則降為 C 級或 D 級。

(2)支付能力(還款能力)

有些客戶儘管回款率高，但由於其支付能力有限而必須降低其信用等級。如企業某一客戶儘管不欠本公司的貨款，但由於欠其他公司的貨款達幾百萬元，其他公司已將該客戶起訴於法院，這樣的客戶最多只能認為 C 級客戶。

確定客戶的支付能力主要看下列幾項指標：

· 客戶資產負債率。

· 如果客戶的資產主要是靠貸款和欠款形成，則資產負債率較

高，信用自然降低。

· 客戶的經營能力。

· 如果客戶的經營能力差，長期虧損，則支付能力必然降低。

· 是否有風險性經營項目。

· 如果客戶投資於一些佔壓資金多、風險性大、投資週期長的項目，則信用等級自然下降。

(3)經營同業競爭品牌情況

如果客戶以本公司的產品為主，則信用等級較高；如果將本公司的產品與其他企業的產品同等對待，則信用等級降低；如果不以本公司的產品為主，本企業的產品僅是輔助經營項目，或者僅僅具有配貨作用，則信用等級更低。

上述三項指標，以信用等級最低的一項為該客戶的信用等級。

4.信用評價參考依據

除了依據三項主要因素進行信用等級評價外，還需要根據客戶執行公司銷售政策、送貨和服務功能、不良記錄等多項因素對信用等級進行修正。

(1)送貨的服務功能

如果客戶能夠對下級客戶開展送貨或服務，則控制市場的能力大大增強，信用等級也相應在增強：如果客戶是普通的「坐商」，則信用等級降低。

(2)執行公司銷售政策的情況

如果客戶未能很好地執行公司的銷售政策，如經常竄貨、低價傾銷，則信用等級要大大下降。

(3)不良記錄

如果客戶曾有過不良記錄，如曾經欠款不還，無論是針對本公司

還是針對其他公司的信用等級都要降低。

以上以客戶的最低等級作為信用等級。

企業在對客戶進行信用評價時，千萬注意不要僅以企業規模評定客戶信用。

Ａ公司是一家中等規模的玻璃器皿生產廠。1997 年，公司決定在莫斯科設立辦事處來跟蹤訂單貨款的回應。同年 8 月，通過努力，該公司的產品進入當地最大的日用百貨超市——ANGEL 連鎖商場銷售。ANGEL 商場在當地是一家超大型綜合連鎖商場，公司認為該商場能夠發展到如此大的規模，其資金實力與信譽毋庸置疑，肯定不會拖欠本公司數額大的貨款。出於這種考慮，Ａ公司把注意力更多地放在其他小客戶身上，放鬆了對 ANGEL 商場的信用監控，忽視了對該商場的信息搜集工作。

Ａ公司按代銷合約每月與 ANGEL 商場結算一次，順利合作持續到 1998 年 3 月，其後，ANGEL 商場藉口 Ａ公司的產品成本市場上反應不佳、積壓十分嚴重、質量與合約規定不符等理由，蓄意拖延、少結貨款甚至乾脆以資金週轉不靈為由完全拒付。但 Ａ公司仍持原有認識，認為拖欠只是暫時的，未對 ANGEL 商場的全面信用情況進行詳細的調查與瞭解。到 1999 年 5 月，Ａ公司累計被 ANGEL 商場拖欠 120 萬美元，資金週轉困難。

為了走出困境，公司就委託專業公司對 ANGEL 商場進行了調查，調查發現 ANGEL 商場資本結構中借貸比例過高，資金週圍已極為困難。加之規模過大，管理水準未能同步提高，導致銷售不暢，從 1998 年 3 月起只能依靠拖欠廠家貨款苦苦維持，目前處於破產地邊緣，並且發現 ANGEL 商場的大部份物業已經抵押給了當地銀行。專業機構立即向當地法庭提出了債權登記，最終在 1999 年 7 年月 ANGEL 商場破

產倒閉時，收回 110 萬美元的貨款。加上當地法院費用，A 公司損失共達 500 萬。

從案例中不難看出，企業絕不能單憑客戶的規模大而低估其信用風險，更不能因為客戶規模大而放鬆對其信用狀況的監控。客戶經營規模的大小只是衡量其信用等級的因素之一。

5. 利用信用等級對客戶進行管理

信用評價不是最終目的，最終目的是利用信用等級對客戶進行管理。企業要針對不同信用等級的客戶採取不同的管理政策，如：

對 A 級客戶，在客戶資金週轉偶爾有一定的困難或旺季進貨量大、資金不足時，可以有一定的賒銷額度和回款寬限期。但賒銷額度以不超過一次進貨量為限，回款寬限期可根據實際情況確定。

對 B 級客戶，一般要求現款現貨。但在處理現款現貨時，應該講究藝術性，不要過分機械，不要讓顧客難堪。應該在摸清客戶確實準備貨款或準備付款的情況下，再通知公司發貨。

對 C 級客戶。一般要求先款後貨；對其中一些有問題的客戶，堅決要求先款後貨，絲毫不退讓，並且要想好一旦這個客戶破產倒閉後在該區域市場的補救措施。C 級客戶不應列為公司的主要客戶，應逐步以信用良好、經營實力強的客戶取而代之。

對 D 級客戶，堅決要求先款後貨，並在追回貨款的情況下逐步淘汰此類客戶。

設定客戶信用額度

1. 信用額度概念

業務人員在每次銷售活動時都對客戶實施信用調查，檢討是否應該交易，這是不可行的。因此，需要對客戶設定信用限度，超過此限度，就停止交易，以確保貨款安全回收。信用額度又稱信貸限度，其主要內容包括有：

- ・ 對某一位客戶，惟有在確定金額限度內的信貸才是安全的。
- ・ 也只有在這一範圍內的信貸才能保證客戶業務活動的正常進行。
- ・ 確定信用額度的基準是客戶的賒銷款和未結算票據額之和。

2. 設定信用額度目的

設定客戶信用額度的目的在於：

- ・ 防止客戶倒債。
- ・ 作為分配客戶的銷售責任額的標準。
- ・ 確保收回貨款。
- ・ 能方便地核查合約內容及出貨狀況。

3. 設定信用額度的方法

根據上述計算得到的綜合分析結果，可以將不同的百分比列入不同的信用等級，得到客戶的信用評定結果。可交百分比從 0%到 100%劃分為 6 個等級，即 $CA_1 \sim CA_6$，分別表示客戶信用狀況的程度，CA_1 最好，CA_6 最差。具體分級說明見下表：

表 6-6 客戶等級表

評估值%	等級	信用評定	建議提供的信用限額
86～100	CA_1	極佳：可以給予優惠的結算方式	大額
61～85	CA_2	優良：可以迅速地給予信用核准	較大
46～60	CA_3	一般：可以正常地進行信用核定	適中
31～45	CA_4	稍差：需要進行信用監控	少量（需定期核定）
16～30	CA_5	較差：需要適當地尋求擔保	儘量不提供信用額度或極小量
1～15	CA_6	極差：不應與其交易	根本不應提供信用額度
缺少足夠資料	NR	未能做出評定——資料不充足	對信用額度不作建議

　　企業可以根據銷售目標、客戶等級設定信用額度。簡單地說，信用額度就是企業樂於讓客戶欠多少錢。

　　很多業務員對百分之百地回款有誤解，認為百分之百地回款就是現款現貨，或一手交錢一手交貨。所謂百分之百地回款是指貨款是安全的，而且在設定期限內能夠到達公司的帳戶。例如對 A 級客戶，由於某一特殊的原因，資金週轉遇到暫時的困難（如果長期資金困難就不是 A 級客戶了），根據公司對 A 級客戶所設定的欠款額度（如不超過 50 萬元）和寬限期（如不超過 15 天），只要該客戶的欠款不超過 50 萬元，並且能在 15 天內能夠回款，就應該認定該客戶是 A 級客戶了。

第 七 章

客戶為何離開你

1 老客戶流失的巨大損失

　　一位老顧客離去的直接損失，如果你能清楚的知道是多少，那麼，這個數字是絕對會讓企業經營者戰慄的。

　　根據調查，美國無線服務行業獲取新客戶的成本為 375～475 美元，而且供應商必須維繫這些客戶 4 年以上才能開始盈利，而這個盈虧點是在合約期結束好幾個月後才出現的，合約期通常為 1～2 年。如果一個無線電話客戶在遵守與服務供應商為期一年的合約後退出，公司就不能收回當初所花費的大部份獲取客戶成本。由於獲取成本無法彌補，在初期階段失去任何客戶都將增加公司的成本。

　　此外，公司也失去了向已經流失的客戶進行提升銷售或交叉銷售的機會，這種損失可以視為潛在收益的流失。除了先前提到過的損失，還有一些社會效應方面的損失。舉例來說，如果這些客戶繼續與

公司保持關係，在公共場合使用公司的產品/服務，就會影響其他人也來使用這些產品/服務。不過，這些客戶的負面口碑可能會影響很多有意向購買該公司產品和服務的潛在客戶。

1. 一位老客戶的直接消費不容低估

一位老顧客離去的直接損失，如果你能清楚的知道是多少，那麼，這個數字是絕對會讓企業經營者戰慄的。許多人並不瞭解失去一個顧客的真正代價。當一個不愉快的客戶決定不再和我們打交道時，我們為此付出的代價要比我們意識到的多得多。

那麼失去一位老顧客的真正損失大概是多少呢？為了更清楚地說明這一問題，我們以超市經營零售業為例說明。零售業面對的是更廣泛的客戶群或普通大眾，因此，它更具典型意義。

威廉姆斯太太是一家叫快樂傑克超市的老顧客，她在那家超市購物已有幾年的時間。但是，最近威廉姆斯太太感到非常氣憤，這家超市不願意考慮為她準備更小包裝的蘋果；當牛奶部少了一款脫裝的脫脂牛奶時，超市的收銀員竟然要求檢查她的貨物與收銀條上的是否一致。他們把她當成什麼人了？一個卑劣的罪犯？

所有這一切中最糟糕的是快樂傑克超市的職員全都不關心她是否來購物。在快樂傑克超市，她每週要消費大約 50 美元的血汗錢。但是，對超市的職員來說，她只是付了錢就可以，根本沒有必要真誠地對她說一聲「謝謝你」，似乎沒有人在意她是否對超市的服務感到滿意。

但是，今天的情況不同了，威廉姆斯太太決定到其他地方去購物。

現在，我們來看看快樂傑克超市因為對威廉姆斯太太的服務不到位，致使這位太太不滿意而到另外一家超市購物所帶來的直

接損失。

　　失去威廉姆斯太太這位顧客，當然不只是每週損失 50 美元。這個損失要大得多！威廉姆斯太太每週消費 50 美元，1 年就是 2600 美元，10 年就是 26000 美元。也許她終身要在快樂傑克超市購物，但，我們只用 10 這個保守的數字來說明真正的損失有多大。

　　這看起來是一道簡單的算術題。確實，我們這樣統計並不見得有多高明，但問題是，有誰認識到並認真體會了這樣的數字正是企業發展的基礎？誰又提高了警惕呢？

　　從另一方面來說，一位顧客可能不止消費 10 年，而你既然可以漠視一個客戶的重要性，忽略其合理要求，致使其轉而奔向別處，那麼，你同樣可能會氣走別的客戶，這種現象的普遍發生則意味著企業的發展喪失了客戶基礎，失去了最底層的消費者支柱，企業的大廈將岌岌可危。而這一切都是經營人員直接造成的，且是最直觀的損失。

2. 失去一名老客戶的連鎖效應讓你警惕

　　如果說一位老客戶的「叛離」帶來的直接損失無法使你認識到其重要性，或者說你的經營人員正氣走一位或多位老客戶，你認為算起他們總共也只消費那麼一點點，不足以對你構成威脅，那麼你可從喪失一位老客戶的連鎖效應中得到一些教訓。

　　現實的情況正是如此。我們還是從快樂傑克超市的老客戶威廉姆斯太太「出走」一案來談。

　　很正常，威廉姆斯太太「叛離」並不會受到快樂傑克超市職員的重視，他們甚至很可能對此熟視無睹。因為這家超市是一個相當大的連鎖超市，根本就不在乎威廉姆斯太太來不來購物，更何況她有時可能還有點兒古怪。沒有她每週 50 美元，他們照樣能生存。儘管她很不愉快，但是，像這樣的一家大公司不會絞盡腦汁地挽留她，以防她

成為競爭對手的客戶。當然，他們也認為應該善待客戶，因為他們畢竟是生意人。

目光短淺的職員看到的只是失去威廉姆斯太太這樣一名小客戶，但從另外一個角度，用更長遠的眼光來看待這件事情又如何呢？

研究顯示，一個不滿意的顧客至少會向其他 11 個人講述她這次不愉快的購物經歷，有的人甚至會告訴更多的人。

這 11 個人中，平均每個又會告訴其他 5 個人。讓我們假定威廉姆斯太太也會將不愉快的購物經歷告訴 11 個人。這樣一來，問題就變得嚴重了！有多少個人可能聽到快樂傑克超市的「壞消息」呢？

這裏我們又遇上了一個不算困難的算術題，只要你不太粗心的話，這個問題的答案你大概可以在幾十秒鐘的時間裏準確無誤的回答出來。這個數字——67 是很多人不願聽到的。

客觀一點來說，這 67 個人不可能每個都會像威廉姆斯太太似的強烈抵觸快樂傑克超市，也就是說，仍有可能有的人不會受到太太的影響。但我們取一個保守的演算法，讓我們假定這 67 名客戶或叫潛在客戶中只有 25%的人決定不到快樂傑克超市購物，則 67 的 25%（四捨五入）就是 17 人。假定這 17 人每週也要消費 50 美元，那麼，快樂傑克超市就要承受 1 年 44200 美元、10 年 442000 美元的損失，而這些都是威廉姆斯太太離開這家超市時感到不愉快造成的。

儘管這些數字足以引起經營者的警惕，但這還只是一個保守的數字。實際上，一般的客戶每週大約要到超市消費 100 美元，因此，失去一名這樣的客戶所造成的損失可能是上面所列數字的 2 倍。

花點時間想一想，你的客戶花了多少錢來購買你的商品，也許，她或他每個月、每年光顧一次或者每幾年才光顧一次，但是幾乎每一位顧客的再次光顧對你的成功來說都是至關重要的。如果你的客戶都

是一次性的買主，那你公司的健康運行將受到威脅。

3. 開發新客戶的成本遠遠大於維護老客戶的成本

　　一條重要規則就是，開發一個新客戶的成本遠遠大於維護老客戶的成本。在這一利益得失權衡下，留住老客戶顯得尤為重要。歸根結底，企業是需要客戶的。這是企業得以存在和發展的前提。既然開發新客戶的成本遠遠大於維護老客戶，企業是以營利為目的，這就決定這個答案只有一種。當然，在這一問題上還應當有個更科學的認識：只有在留住老客戶的基礎上再發展新客戶才是企業發展壯大之道。但，這不是我們這裏討論的話題，我們首先應該對留住老客戶的重要性有個肯定的高階位認識。

　　客戶服務方面的研究指出，開發一個新客戶的費用（主要是廣告費和產品推銷費）是留住一個現有客戶的費用（這方面的花費可能包括支付退款、提供樣品、更換商品等）的 6 倍。一個報告用數字來說明這個比例：如果留住一個老客戶需要花費 19 美元的話，那麼吸引一個新走進你的商店側需要花費 118 美元。

　　這就是真正的差距所在，這種差距也就是企業可能的損失。設想，假若你為某一個客戶的流失都得支付如此的代價，那情景你不得不憂慮。

4. 老客戶與新客戶的互動關係對企業有深遠影響

　　假定我們的企業需要擴大規模（這可能是任何企業都樂意的），那麼，我們首先就要確保我們有足夠消費群，也就是客戶群。客戶群的強大依靠什麼？當然不能排除企業自身的開拓和挖掘，這一點當然是要肯定的。但，我們絕不能忽視挖掘新客戶即贏得客戶與留住老客戶之間的互動關係。

　　銷售或推銷應該被視為雙方面的工作：贏得客戶和保持客戶的忠

誠度。保持客戶的忠誠度當然是為了留住老客戶。「贏得客戶」這方面很少遇到困難，廣告、促銷和銷售，通常佔公司全部預算的絕大部份。但是，「保持客戶忠誠度」這方面卻完全沒有預算，它甚至不被認為是商業經營的合法部份。沒有幾家公司實行一項策略，目的在於保持客戶忠誠或挽救不忠誠的客戶。相反，大多數公司發現在競爭中贏得新客戶，同時保持客戶的忠誠度，以避免經營中的虧損，這樣做似乎更容易一些。

從事買賣的人，誰不希望客戶儘量增加呢？但，這絕對不是一件容易的事。要增加客戶必須隨時考慮各種策略，不斷努力地實踐，才能達到目的。

在談到客戶群的拓展上，不免會想到一件很讓人興奮的事情，即某些客戶主動上門。這種事的確天天發生，但千萬不要以為這是理所當然的事情。這和你的企業在老客戶身上下的功夫有關係。

因為老客戶對你經營的商店抱有好感，會為你帶來新的客戶。

例如，有一位客戶對他的朋友說：「我經常在那家商店裏買東西。他們很親切而且服務週到，我對他們很有好感。」如果這話很真誠，那麼那位朋友一定會說：「既然你這麼說，一定不會有什麼問題，我也去試試看。」

對做買賣的人來說，這等於是別人為你鋪了一條生路。

基於這種想法，平時不斷地設法爭取新的客戶固然重要，便更應該留住老客戶。總而言之，只要能好好地留住一位客戶，或許能因此而增加更多新的客戶；相反，失去一位老客戶，則可能使你丟失許多新客戶上門的機會。

有一句推銷名言：滿意了的客戶是最好的廣告。任何一個客戶在購買某種商品之後，都會把自己的體會告訴別人，形成購買商品的連

鎖反應。如果我們能夠掌握這種連鎖反應的規律，那麼，我們就能找到新的推銷對象。這種尋找客戶的方法在推銷理論上稱為無限連鎖介紹法。

曾獲得「世界最偉大的推銷員」稱號的美國推銷專家喬·吉拉德在其自傳中寫道:「每一個用戶的背後都有『250』人，推銷員若得罪一個人，也就是意味著得罪了 250 人;相反，如果推銷員能夠充分發揮自己的才智爭取到一個客戶，也就得到了 250 個關係。」這就是喬·吉拉德著名的「250 定律」。

一般說來，人與人之間的交往和聯繫，是以某種共同的興趣愛好或某種共同的復興、需求為紐帶的。某一個交際圈內的所有人可能均具有某種共同的消費需求，這些人可能是一大群客戶。所以，企業也就可以直接或間接地得到與其有聯繫的新客戶，這無疑對企業的發展具有重大意義。

5. 老客戶是企業經濟效益的主要來源

我們把企業的老客戶當成一個群體，與企業的新客戶區別開來。失去一個老客戶所帶來的損失(包括直接損失和隱性損失)，這是從負面效應的角度提醒企業經營者對老客戶需要給予足夠的重視。那麼，我們換個角度——從正面來說，留住老客戶會給企業帶來什麼?

一家企業的銷售收入和利潤是客戶提供的，但不同的客戶對效益的「貢獻」是不同的。忠誠客戶惠顧企業的時間長、購買金額大，因而是企業收入的主要提供者。正如美國兩位經濟學者雷切海德和賽士爾在《哈佛商業評論》的一篇文章裏指出:「對一家企業最忠誠的客戶，也是給這家企業帶來最多利潤的客戶。」

客戶重覆惠顧所帶來的利益是每一個企業賴以生存和發展的源泉，並且往往有相當比例的營業額來自看起來不起眼、佔有小比例的

客戶們。綜觀國內外大大小小的企業，你會發展這樣一條規律：80%的營業額來自 20%經常惠顧企業的客戶。這條規律已足以表明建立客戶忠誠度使客戶重覆購買的重要性了。

而美國的一項研究報告也指出，再次光臨的客戶可為公司帶來 25%～85%的利潤。吸引他們再來的因素中，首先是服務品質的好壞，其次是產品本身，最後才是價格。

另據美國汽車業的調查，1 個滿意的顧客會引發 8 筆潛在的生意，其中至少有 1 筆成交；1 個不滿意的顧客會影響 25 個人的購買意願。

美國可口可樂公司(Coca Cola)稱，一聽可口可樂賣 0.25 美元，而鎖定 1 個顧客買 1 年(假定該顧客平均每天消費 3 聽可口可樂)，那麼，一個顧客 1 年的銷售額約為 300 美元。

以上都是一些讓人羨慕的數字，而事實上，當今企業現狀也的確如此。企業經營者們當然明白這些數字意味著什麼。同樣，企業經營者比誰都清楚，在競爭如此激烈、市場分割加劇的經濟環境中，新產品打入市場是一件不太容易的事情，要想得到客戶對某項新產品的認同，花費往往是十分昂貴的。當然一項產品牢牢佔據了市場，這就意味著客戶對產品或服務感到滿意，他們會主動找上門來爭相購買，要記住此時絕對是個關鍵時刻，因為稍一大意就可能得罪客戶們，這樣，你花費大筆金錢和努力建立起的企業形象，甚至產品品牌將毀於一旦。而你又不可能總是一而再、再而三地將目標放在新市場，一則費用昂貴，二則你並沒有在原有市場充分回收重覆購買的利益。

所以，企業的明智之舉應當是維護其常規客戶的利益來源以謀求企業的長期穩步前進。然而，十分遺憾的是，很少有企業專門為吸引客戶重覆購買制定切實可行的方案。

　　被譽為經營之神的松下電器公司的創始人——松下幸之助曾經坦言：「對我自己來說，沒什麼比客戶更值得感激的了，我常常教導員工，不要忘了感恩。」

　　競爭所導致的爭取新客戶的難度和成本的上升，使越來越多的企業轉向保持現有客戶。因此，建立與客戶的長期友好關係，並把這種關係視為企業最寶貴的資產，成為企業市場行銷的一個重要趨勢。

　　客戶是企業的利益之源，是企業發展壯大之根本。而老客戶是企業得以存在的命脈。這是因為企業不但節省了開發新客戶所需的廣告和促銷費用，而且隨著客戶對企業產品的信任度和忠誠度的增強，還可誘發客戶提高對本企業相關產品的購買率。

　　如今，很多企業正在積極推行「零店戶叛離」計劃，也就是提高客戶忠誠度、留住客戶的一項系統工程，這一計劃的推行無疑是讓人振奮的。它不僅僅是能為推行該計劃的企業帶來巨大的利益，也將使得更多的企業「覺醒」，更深刻地認識到留住老客戶的重要性，這對國內企業的發展起到深遠的影響。

心得欄 ------------------------------

2　客戶為何會流失

　　客戶流失已成為很多企業所面臨的尷尬，它們大多也都知道失去一個老客戶會帶來巨大損失，需要企業至少再開發十個新客戶才能予以彌補。但當問及企業客戶為什麼流失時，很多企業老總一臉迷茫，談到如何防範，他們更是誠惶誠恐。

　　客戶的需求不能得到切實有效的滿足往往是導致企業客戶流失的最關鍵因素，一般表現在以下幾個方面：

　　客戶需求不能得到切實、有效的滿足往往是導致企業客戶流失（見圖 7-1）的關鍵因素，一般表現在以下幾個方面：

圖 7-1　客戶流失模型

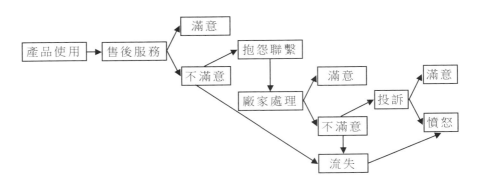

1. 質量不穩定

企業產品質量不穩定，使客戶利益受損。

憑產品新鮮的口味及廠家的高獎金政策，經銷商與 A 啤酒廠簽訂

了經銷合約，首批貨很快在當地試銷成功。但第二批貨因產品質量不太穩定，消費者紛紛轉移消費視線，無奈之下經銷商只好退出該產品的運作。

　　某布廠的一位老客戶購買精梳紗，對紗線的強力和毛羽指標要求較高。當時由於工廠生產不穩定，導致紗線的部份指標不合格，但面對客戶近 20 萬的合約，銷售經理一心想保住企業利益，就隱瞞了實情。結果客戶用紗後，布面出現嚴重的疵點和萎縮現象，對方不僅全部退了貨，還索賠 2 萬元，並決定再也不做買賣。正由於產品質量的不穩定，導致客戶的流失和企業利益的受損。

2. 缺乏創新

　　企業缺乏創新，導致客戶「移情別戀」。任何產品都有自己的生命週期，隨著市場的成熟及產品價格透明度的提高，產品帶給客戶的利益空間往往越來越小，若企業不能及時進行創新，客戶自然會另尋他路，畢竟利益才是維繫廠商關係的最佳槓桿。

　　某洗髮水廠家，曾是國內著名的品牌，可現在已銷聲匿跡。原因就是由於隨著洗髮水市場的開放，國外大型競爭企業的進入，該廠還是生產單一功能的洗髮水，而市場上寶潔公司相繼推出柔順、去頭皮屑、營養髮質等類型的洗髮水，佔領了洗髮領域大部份的市場。隨著競爭的加劇，利潤空間也大大減少了，那個知名的企業終因產品單一、缺少創新、產品銷不出去，而走向倒閉的深淵。

3. 服務意識淡薄

　　即企業內部服務意識淡漠。員工傲慢、客戶提出的問題不能得到及時解決、諮詢無人理睬、投訴沒有處理、服務人員工作效率低下，也是直接導致客戶流失的重要因素。

4. 員工跳槽帶走客戶

很多企業由於在客戶關係管理方面工作不夠細膩、規範，客戶與企業業務員之間關係很好，而企業自身對客戶影響相對乏力。一旦業務員跳槽，老客戶就隨之而去，與此帶來的是競爭對手實力的增強。

5. 客戶遭遇新的誘惑

市場競爭激烈，為迅速在市場上獲得有利地位，競爭對手往往會不惜代價以優厚條件來吸引那些資源豐厚的客戶。「重金之下，必有勇夫」，客戶棄你而去也就不是什麼奇怪現象了。

6. 短期行為作梗

企業的短期行為導致了老客戶的流失。

另外，個別客戶自恃經營實力強大，為拿到廠家的市場最優惠「待遇」，以「主動流失」進行要脅，企業滿足不了他們的特殊需求，只好善罷甘休。

3 制訂流失客戶解決方案

對客戶流失有沒有行之有效的措施來留住客戶、預防客戶流失呢？客戶的需求不能得到切實有效的滿足往往是導致企業客戶流失的最關鍵因素。一般來講，企業應從以下幾個方面入手來堵住客戶流失的缺口。

1. 做好品質行銷

通用電器公司董事長傑克· 韋爾奇說過：「品質是通用維護顧客

忠誠度最好的保證，是通用對付競爭對手最有力的武器，是通用保持增長和贏利的唯一途徑。」可見，企業只有在產品品質上下工夫，保證產品的耐用性、可靠性和精確性等價值屬性，才能在市場上取得優勢，才能為產品銷售與品牌推廣創造一個良好的運作基礎，也才能真正吸引客戶、留住客戶。

2. 提高服務品質

樹立「客戶至上」的意識，幫助員工認識到維繫客戶滿意度的重要性。客戶是企業生存的根本，員工一定要認識到客戶滿意度的重要性，只有認識到其重要性，才能真正為客戶著想，處處使客戶滿意。

3. 降低客戶的經營成本

企業在競爭中為防止競爭對手挖走自己的客戶，戰勝對手，吸引更多的客戶，就必須向客戶提供比競爭對手有更多「客戶讓渡價值」的產品或服務，這樣才能提高客戶的滿意度並影響雙方深入合作的可能性。為此企業可從兩個方面改進自己的工作：一是透過改進產品、服務和形象提高產品的總價值；二是透過改善服務和促銷網路系統，減少客戶購買的時間、體力和精力的消耗，從而降低其貨幣成本與非貨幣成本。

4. 對流失的客戶進行成本分析

部份企業員工認為，客戶流失就流失了，舊的不去新的不來，他們根本就不知道流失一個客戶企業要損失多少。

蜂窩電話的經營者每年為失去的 25%的客戶支付 20～40 億美元的成本。據資料記載，美國一家大型的運輸公司對其流失的客戶進行了成本分析。該公司有 64000 個客戶，某年由於服務品質問題，該公司喪失了 5%的客戶，也就是有 3200（＝64000×5%）個客戶流失。平均每流失一個客戶，營業收入就損失 40000 美元，相當於公司一共損

失了 128000000(＝3200×40000)美元的營業收入。假如公司的贏利率為 10%，那這一年公司就損失了 12800000(＝128000000×10%)美元的利潤，但是隨著時間的推移，公司的損失會更大。

面對單個客戶的流失，很多企業或許會不以為然，而一旦看到這個驚人的數字，不由會從心中重視起來。

一個企業如果每年降低 5%的客戶流失率，利潤每年可增加 25%～85%，因此對客戶成本進行分析是必要的。

5. 加強市場監控力度

企業應建立督辦系統，迅速解決市場問題，保證客戶的利益，例如，竄貨問題導致客戶無利可圖，企業應迅速解決。

6. 建立投訴和建議制度

95%的不滿意客戶是不會投訴的，僅僅是停止購買，最好的辦法是歡迎、鼓勵客戶投訴，為客戶投訴和建議提供方便。如開設免費服務電話、電子信箱等。3M 公司聲稱它的產品改進建議有超過 2/3 的是來自客戶的意見。

7. 與客戶建立關聯

企業與客戶合作的過程經常是短期行為，這就需要企業對其客戶灌輸長期合作的好處，對其短期行為進行成本分析，指出其短期行為不僅給企業帶來很多不利，而且還給客戶本身帶來了資源和成本的浪費。企業應該向客戶充分闡述自己的美好遠景，使客戶認識到只有跟隨企業才能獲得長期的利益，這樣才能使客戶與企業同甘共苦，不會被短期高額利潤所迷惑，而投向競爭對手。

同時，企業應該與客戶進行深入的溝通，防止出現誤解。

在優化客戶關係方面，感情是維繫客戶關係的重要方式，日常的拜訪、節日問候、婚慶喜事、過生日時的一句真誠的祝福、一束鮮花，

都會使客戶感動。交易的結束並不意味著客戶關係的結束，在售後還需與客戶保持聯繫，以確保他們的滿足感持續下去，贏得客戶忠誠，防止客戶流失。

4　防止客戶流失

客戶抱怨和客戶的不滿，會給企業提供創新和改進的機會，但處理不當也會使企業流失客戶，而且在客戶生命週期的內容中可以看到，客戶流失幾乎貫穿於整個流程之中，從潛在客戶到交易客戶，甚至忠誠客戶也會面臨著流失的可能。如圖所示：

圖 7-2　不同客戶生命週期的客戶流失

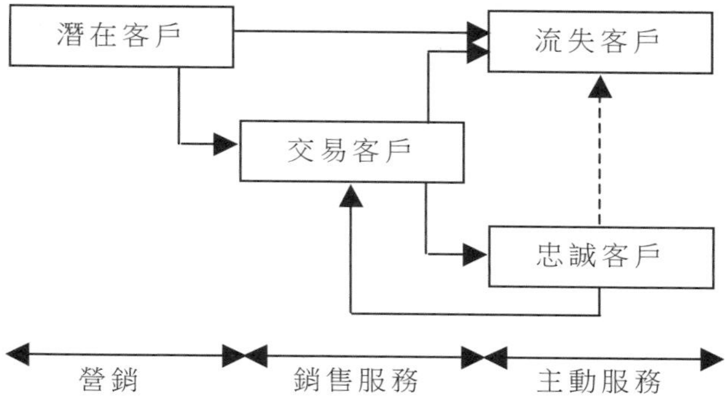

客戶流失已成為很多企業所面臨的尷尬，企業都知道失去一個老客戶會帶來巨大在損失，也許需要企業再開發十個新客戶才能予以彌補。但當問及企業客戶為什麼流失時，很多企業領導人總是一臉迷

茫，談到如何防範，他們更是不知所以。

其實，客戶的需求不能得以切實有效的滿足是導致企業客戶流失的最關鍵的因素。顧客追求的是較高質量的產品和服務，如果不能給客戶提供優質的產品和服務，終端顧客就不會對他們的上游供應者滿意，更不會建立較高的顧客忠誠度。因此，企業應實施全面質量營銷，在產品質量、服務質量、客戶滿意和企業贏利方面形成密切關係。

企業為在競爭中為防止競爭對手挖走自己的客戶，戰勝對手，吸引更多的客戶，就必須向客戶提供比競爭對手具有更多「顧客讓渡價值」的產品，這樣，才能提高客戶滿意度並加大雙方深入合作的可能性。為此，企業可以從兩個方面改進自己的工作：一是通過改進產品、服務、人員和形象，提高產品的總價值；二是通過改善服務和促銷網路系統，減少客戶購買的時間、體力和精力的消耗，從而降低貨幣和非貨幣成本。

1. 主動發現問題

並非一定要等顧客產生抱怨才去發現和解決問題，主動去尋求存在的問題並在問題產生前加以解決也是十分必要的。

很多企業為發現自身存在的問題，經常僱一些人，裝扮成潛在顧客，報告潛在購買者在購買公司及其競爭者產品的過程中發現的優缺點，並不斷改進。

著名的肯德基速食店就經常採用這種方法。美國的肯德基國際公司的子公司遍佈全球 60 多個國家，達 9900 多個，但如何保證他人下屬能循規蹈矩呢？一次，上海肯德基有限公司收到了 3 份總公司寄來的鑑定書，對他們外灘快餐廳的工作質量分 3 鑑定評分，分別為 83、85、88 分。分公司中外公司經理都為之瞠目結舌，這三個分數是怎麼定的呢？原來，肯德基國際公司僱用、培訓一批人，讓他們佯裝顧

客潛入店內進行檢查評分，來監督企業完善服務。

　　這些伴裝購物者甚至可以故意提出一點問題，以測試企業的銷售人員能否適當處理。例如，一個伴裝購物者可以對餐館的食品表示不滿意，以試驗餐館如何處理這些抱怨。企業不僅應該僱用伴裝購物者，經理們還應經常走出他們的辦公室內，進入他們不熟悉的企業以及競爭者的實際銷售環境，以親身體驗作為「客戶」所受到的待遇。經理們也可以採用另一種方法來做這件事，他們可以打電話到自己的企業，提出各種不同的問題和抱怨，看企業的員工處理這樣的電話。從中我們很容易發現客戶的流失是不是由於員工的態度而流失，發現公司的制度及服務中存在那些不足，以便改進提高市場反應速度。

2. 善於傾聽客戶的意見和建議

　　客戶與企業間是一種平等的交易關係，在雙方獲利的同時，企業還應尊重客戶，認真對待客戶提出的各種意見及抱怨，並真正重視起來，才能得到有效改進。在客戶抱怨時，認真坐下來傾聽，扮好聽眾的角色，有必要的話，甚至拿出筆記本將其要求記錄下來，要讓客戶覺得自己得到了重視，自己的意見得到了重視。當然僅僅是聽還不夠，更關鍵的是應及時調查客戶的反映是否屬實，迅速將解決方法及結果反饋給客戶。

　　客戶意見是企業創新的源泉。很多企業要求其管理人員要定期親自聆聽客戶服務區域的電話交流或客戶返回的信息。通過傾聽，使管理人員直接得到有效的信息，並可據此進行創新，促進企業更好的發展，為客戶創造更多的經營價值。當然，還要求企業的管理人員能正確識別客戶的要求，正確的傳達給產品設計者，以最快的速度生產出最符合客戶要求的產品，滿足客戶的需求。

3. 分析客戶流失的原因

對於那些已停止購買或轉向另一個供應商的客戶，公司應該與他們接觸一下以瞭解發生這種情況的原因，區分客戶流失的原因。客戶流失的原因，有些是公司無能為力的，如客戶離開了當地，或者改行了、破產了。大多數其他原因，如發現了更好的產品、服務差、產品差、產品次、價格高等，卻都是公司可以改進的。

應該對流失的客戶進行成本分析。部份企業員工對客戶的流失感到無所謂，卻根本不知道，流失一個客戶，企業要損失多少。行動電話的經營者每年為失去的 25%的客戶支付 40 億美元的成本。面對單個客戶的流失，很多企業或許會不以為然，而一旦看到這些驚人的數字，心態就不同了。

4. 建立投訴和建議制度

95%的不滿意客戶是不會投訴的，他們僅僅是停止購買，解決的辦法是要方便客戶投訴。一個以客戶為中心的企業，應為其客戶投訴和提出建議方便。許多飯店和旅館都備有不同的表格，請客人訴說。寶潔、通用電器等很著名企業，都開設了免費電話熱線，很多企業還增加了網站和電子信箱，以利雙向溝通。這些信息流為企業帶來了大量好創意，使它們能更快地採取行動，解決問題。3M 公司聲稱它的產品改進建議有超過 2/3 的來自客戶的意見。

5. 建立預測系統，為客戶提供有價值的信息

真正為客戶著想的企業，還應儘量為客戶提供有價值的市場訊息。如在預測到產品價格短期內將上浮的消息時，及時告訴經銷商，使瞭解到這個消息的經營商大批量地進貨，以賺取更多的差價。而一旦預測到近期內，需求量將下降，企業在減少生產量的同時，也通知經銷商降低庫存，以減少不必要的資金積壓和成本費用。又如當預測

到客戶的需求偏好發生改變時，及時通知供應商準備新的原材料或配件。

6. 與客戶建立關聯

企業應及時將企業經營戰略與策略的變化信息傳遞給客戶，便於客戶及時作相應的調整。同時把客戶對企業產品、服務及其方面的意見、建議收集上來，將其融入企業各項工作的改進之中。這樣，一方面可以使老客戶知曉企業的經營意圖，另一方面可以有效調整企業的營銷策略以適應顧客需求的變化。當然，這裏的信息不僅包括企業的一些政策，如新制定的對客戶的獎勵政策、獎金的變化、促銷活動的開展、廣告牌發放等，而且還包括產品的相關信息，如新產品的開發、產品價格的變動信等。

7. 加強與客戶間的感情

日常拜訪、節日問候、生日祝福、一束鮮花都可以優化與客戶之間的感情。交易的結束意味著客戶關係的開始，在售後還須與客戶保持聯繫，以確保他們的滿足持續下去。

防範客戶流失既是一門藝術，又是一門科學，它需要企業不斷地去創造、傳遞和溝通優質的客戶價值，這樣才能最終獲得、保持和增加客戶，鍛造企業的核心競爭力，使企業擁有立足立場的資本。

8. 僱員客戶化

從廣泛的客戶意義上來看，僱員也是企業的客戶。僱員客戶化就在於要像對待外部客戶一樣的對待企業僱員。以客戶(服務)為導向的經濟與以產品為導向的經濟不同的是，它不採用進攻型的策略——以追求更多的客戶為首要目標，而是將策略的中心轉移到防守方面——在最大化客戶效用的基礎上盡可能多地保持現有客戶，並極力開發當前客戶的潛在價值。為達到這一目標，企業必須建立起有別於舊式經

濟環境的企業文化；將發展內部客戶關係提升到足夠的高度，通過良好的內部客戶關係來體現良好的公司形象，向外部客戶提供更好的服務，達到保持現有客戶的目標。因為對於外部客戶而言，他們與企業交往的基礎是與企業僱員的交往，在與僱員交往的過程中直接感知僱員的工作行為與態度，並以此形成第一印象，這種印象對客戶、對公司總裁有著直接的作用。研究表明，良好的外部客戶關係與成功的內部客戶關係有正相關性。

所以，企業將僱員視為企業首先面對的客戶來對待，將使僱員將自身利益與企業利益相統一，充分發揮自身的主觀能動性，提高企業的服務質量，有利於和外部客戶建立長期的客戶關係，最終，企業實現其企業利益。

5 拉回已流失客戶的實例分析

吸引和維繫客戶的方法是很多的，甚至產品包裝的改變都會引起客戶的注意。

為能夠有效地吸引和維繫客戶，企業必須關注客戶的背叛率，計算客戶流出的成本。為了維繫客戶的背叛率，企業應採取如下措施：

1. 客戶流失的分類
根據客戶流失的原因、客戶流失的種類可分為以下六種：

(1)價格流失者
指那些轉向價格低廉的競爭對手的客戶。例如，價格低廉是美國

人民航空公司的主要吸引力，1998 年唐納德· 伯爾開優惠航線之先河。乘客可以在波士頓和紐約(實際上是紐華克 NJ)之間飛來飛去，費用幾乎只是東部航線的一半。這樣的費用對遊客、學生和其他自付旅費的乘客是難以抵擋的誘惑。到 1984 年，美國人民航空變成了航空歷史上發展最快的航空公司。

(2)產品流失者

指轉向提供高質量產品的競爭者的客戶，這種流失是不可逆轉的。因為「價格原因流失的客戶」可以再「買回來」，但是如果客戶認為競爭對手的產品質量更好，幾乎不可能再把他們爭取回來。

(3)服務流失者

指因為服務惡劣而離開的客戶，例如，因為低價而增加業績的人民航空公司，幾年內人民航空的客戶開始因為服務太差而流失，服務質量差包括包裹丟失、座位重覆、超員預定和航班延誤等。當主要航空公司採用電腦系統來與人民航空的低廉價格相匹敵時，美國人民航空客戶流失加速(例如，美國航空公司提供「最節約的費用」)。到 1986 年，人民航空公司因運載量不斷下降和現金流呈負數而迫使它被大陸航空公司收購。

(4)市場流失者

指那些沒有轉向競爭對手的流失者。這些客戶也許倒閉，也許退出市場領域。

(5)技術流失者

指那些轉而接受其他行業的公司提供的產品的客戶。20 世紀 80 年代，王安實驗室的客戶大量從文字處理器轉向多功能的個人電腦，王安可以避免這些流失，但是必須接受新技術才能做到這一點，王安最終引進個人電腦，但是沒有認真地開展營銷活動，為時已晚。

2. 測量客戶流失率

客戶維繫率沒有經過測量，就無法進行管理，客戶維繫率的測量計算只需要內部文件資料。

概約客戶維繫率測量的是得以保持的客戶的絕對比例。如果客戶的數字從 500 減少到 475，概約比例為 95%，概約比例把每位流失的客戶同等看待。加權保持率通過衡量客戶的購買額解決了這個問題。如果 25 位流失客戶的單位購買額是平均數的兩倍，那麼加權比例為90%。

測量客戶維繫率的一般的方法是將某一時點所剩下的客戶、合約或產品與基期進行比較，測量時，最好應採用客戶實際購買而不是客戶問卷的資料，前者對於測定客戶保留率更為精確。其測算公式為：

（期末客戶數 T_i － 期間新增客戶數）／期初客戶數 T_i

下面用某壽險公司一個實例來說明如何測量維繫率。假設在 1 月 1 日（T_0）還有 10000 戶買了人壽保險，年底（T_i）持有 8500 份原來的保單，同時一年中又新增了 2000 份保單，因此期末有 T_1 的保單數為10500。

⑴看一下期初和期末的保單數，它表明客戶基數增加了5%（10500／10000＝1.05）。

⑵運用上述公式，可以計算出客戶維繫率為 85%：

10500（期末客戶數）－2000（期間新增客戶數）／1000（期初客戶數）＝8500／10000，即 85%。

85%的客戶率維繫算不算高？事實上，測量客戶的流失沒有固定的標準。在其他條件保持不變的情況下，只要留住一個客戶的邊際成本低於獲取一個新客戶的邊際成本，公司就應該不斷地提高客戶維繫率。在這個例子中，該壽險公司該盡力贏回那 1500 個離開的保單持

有者。

3. 區分導致客戶流失的不同原因

除非客戶不再需要你的產品和服務，或是從競爭者那裏獲得了更好的產品，造成客戶流失的主要原因是不良服務、定價過高或者是客戶搬遷。瞭解客戶流失的原因對於吸引和維繫客戶是至關重要的，這就需要公司運用準確的方法測量客戶維繫率。

正確地測定客戶維繫率能使公司在留住客戶方面的做所的努力有一個正確的評價，並能對客戶保留率的經濟價值有更深刻的理解，客戶流失通常可分為可控制和不可控制的兩類。在上面的例子中，仔細研究一下便會發現在 1500 位流失的客戶中，有可能 80%的客戶流失是可以控制的。可能只有 20%的客戶流失已超了公司可控制的範圍，因為這些客戶或是搬離了該保險公司所管的地區，或是由於某種原因終止了保險合約。

為了創造有效的客戶維繫率，企業需要確定客戶流失的幾種形式。這種分析起始於內部記錄，如銷售日記、定價報價和客戶調查結果。第二步是調查這些流失客戶的外部原因，如定點趕超研究和行業協會的統計資料。企業需要提出的關鍵問題是：

· 今年客戶流失的變動率是多少？

· 各辦公室、地區、銷售代表或分銷商處的客戶維繫率變化如何？客戶維繫率與價格變化之間的關係？

· 客戶流失的原因和他們去向？

· 行業維繫標準是多少？

· 在同行業中那一家公司維繫客戶時間最長？

4. 估算因客戶流失而導致的損失

公司應該估算一下當它失去這些不該失去的客戶時所導致的利

潤損失。如果是一個客戶的話，損失的利潤就相當於這個客戶的壽命價值，也就是說，相當於這位客戶在正常年限內持續購買使公司產品或服務產生的利潤。對於一群流失的客戶，一家大運輸公司是這樣來估算其利潤損失的。

①該公司有 32000 個客戶。

② 今年，由於服務質量，該公司喪失了 5%的客戶，也就1600（0.05×32000）個客戶。

③平均每流失一個客戶，營業收入就損失 40000 元。所以公司一共損失 64000000 元收入（1600×40000）。

④ 該公司的利潤率為 10%。這一年損失了 6400000（0.1×64000000）元利潤。隨著時間的推移，該公司的損失將更大。

5.計算降低流失率的費用

公司需要計算降低流失率所需要的費用。只要這些費用低於所損失的利潤，公司就應該花這筆錢。

6.分析投訴資料

儘管投訴不能反映客戶流失的全部原因，但其投訴資料的分析還是相當重要的，在這裏總能找出導致一些客戶流失的具體原因。只要有一位客戶投訴，就可能有 10 位客戶沒有對相同的問題進行投訴。聽取客戶意見並採取適當行動不僅有助於維繫提出投訴的客戶，更重要的是，還能夠保全沒有投訴的客戶。

以下為分析投訴和服務資料的一些要點：

(1)開通免費投訴

為便於客戶投訴，企業應開通免費投訴電話，它能極大地增加可以用於分析的投訴量。這樣做不會減少的投訴信件，單純由這一行動造成的結果是與客戶的聯絡增多。為了能夠進行有意義的統計分析，

投訴必須分成產品問題、產品模型、產品使用年限和經銷商幾個部份；產品的註冊號碼也應該標明。

⑵對投訴資料進行統計分析

分析不應該只是方式和變數的加減。必須考察資料中個別現象的模式以及正常的預期範圍之外的情況。如果沒有統計手段，改進流程的努力要麼失敗，要麼僥倖成功。

投訴分析可以提示造成眾多投訴的特定模式或生產問題。這說明問題是系統的，可以通過採取管理行動加以消除。

⑶可重新設計產品可以排除某些系統性的問題

例如，波蘭盧德公司早期的照相機，總接到無數電話投訴，抱怨照相機撕毀照片，即客戶抽出底片時總會把底片撕毀。波蘭盧德公司照相機的第二種設計就是自動彈出底片的裝置。

⑷服務資料對瞭解客戶流失非常有幫助

尤其是特定的服務問題屢屢出現，就說明原因是系統性的。有些產品要達到最高效能需要提供常規和緊急服務，例如汽車。而對另外一些產品而言，服務就像教客戶怎樣使用它那麼簡單。

例如，軟體公司設立有償服務熱線，註冊過的客戶可以就怎樣解決某個問題或運行某項應用流程徵求建議。打來電話者通常是複雜軟體的用戶，他們的問題是同事之間無法解決的。透過分析電話內容，公司可以識別富有吸引力的新性能或者在用戶手冊中補充有益的建議。

⑸服務資料有別於投訴資料

需要服務的客戶帶著標準的技術問題，要求並得到公司的重視。因為服務資料不同於投訴資料，服務分析可以為系統的問題帶來新的啟示。

投訴和服務資料本身非常有用；如果對這些信息不加利用，就意味著統計分析或彙報制度不完善。

在報告投訴資料方面，最常見的錯誤是一份報告多種用途。高級管理層不會閱讀厚厚的報告書，他們會覺得大部份內容無關緊要。一定要準備系列報告，其中至少有一份應該突出可能的糾正行動。

心得欄

第 八 章

客戶忠誠度的關鍵

1 客戶忠誠度的好處

一、客戶忠誠的意義

　　豐田汽車公司美國分公司認為，一貫使用該公司服務系統的忠實車主，既是其經銷商賺取利潤的原動力，也是提高自己產品重覆購買率的驅動器。該公司開發了一套電腦軟體系統，它可以估量出一個經銷商賣出的汽車應該能夠產生多少服務工作。該系統將經銷商在服務方面的發票存根與自己的估計進行一定的比較。它能注意到那些車主沒有前來進行規定的兩次免費檢測。這套系統的最大優點是可以計算出，假如一個經銷商的忠誠業績位居前列，它未來能夠贏得和額外利潤究竟有多少。該系統還可以就生產率水準進行比較，以幫助經銷商更為有效地管理自己的客戶和業務，向客戶提供更好的服務。

公司的每個經銷商都出資購買了一台 AS400 型電腦，安裝了一套衛星天線，用於向公司總部傳輸銷售和服務信息。使用了這一套獨特的網路之後，該公司可以隨時追蹤車主客戶的消費情況，準確程度史無前例。公司負責零配件、服務和客戶滿意的副總經理迪克‧奇提可以和經銷商一起商量工作，也可自個兒關起門來比較經銷商之間的服務記錄或客戶使用服務情況的記錄。這大大提高了公司客戶的忠誠度。

客戶「忠誠」就是客戶比其競爭者更偏愛購買某一產品或服務的心理狀態或態度，或是「對某種品牌有一種長久的忠心」。客戶忠誠實際上是客戶行為的持續反應。

忠誠型的客戶通常是指會拒絕競爭者提供的優惠，經常性地購買本公司的產品或服務，甚至會向家人或朋友推薦的客戶。儘管滿意度和忠誠度之間有著不可忽視的正比關係，但即使是滿意度很高的客戶，如果不是忠誠客戶，為了更便利或更低的價錢，也會毫不猶豫地轉換品牌。

二、擁有客戶忠誠所帶來的好處

忠誠客戶所帶來的收穫是長期且有累積效應的。一個客戶能保持忠誠度越久，企業從他那兒得到的利益越多。

1. 銷售量上升

忠誠客戶都是良性消費者，他們向企業重覆購買產品或服務，而不會刻意去追求價格上的折扣，並且他們會帶動和影響自己週圍的人發生同樣的購買行為，從而保證企業銷量的不斷上升，使企業擁有一個穩定的利潤來源。

2. 加強競爭地位

忠誠客戶持續地向我們而非我們的競爭對手購買產品或服務，則我們在市場上的地位會變得更加穩固。如果客戶的發現所購產品或服務存在某些缺陷，或在使用中發生故障，能做到以諒解的心情主動向企業反饋信息，求得解決；而非以投訴或向媒體披露等手段擴大事端，那麼企業將會取得更大的收益，而忠誠客戶則會做到這些，使企業在激烈競爭中立於不敗之地。

3. 減少行銷費用

首先，通過忠誠度高的客戶的多次購買，你甚至可以定量分析出他們的購買頻度，不必再花太多金錢去吸引他們。

其次，關係熟了，還會減少合約的談判及命令的傳達等經營管理費用。

再次，這些忠誠的顧客還會向他們的朋友宣傳，為我們贏得更多正面的口碑。忠誠的客戶樂於向他人推薦你的生意。有趣的是，被推薦者相對於一般客戶更親近於你，更忠誠於你。正是由於這點，許多人對自賣自誇的廣告未傾注熱情，雖然他們的廣告策劃得很優秀。

4. 不必進行價格戰

忠誠的客戶會排斥你的競爭對手。他們不會被競爭者的小利誘惑，會自動拒絕其他品牌的吸引。只要忠誠的橋梁未被打破，他們甚至不屑與勝你一籌的對手打交道，這樣你就不必與競爭者進行價格戰。

5. 有利於新產品推廣

忠誠的客戶在購買你的產品或僱用你的服務時，選擇呈多樣性，因為他們樂意購買你的產品或服務，信任你，支持你，所以他們會較其他客戶更關注你所提供的新產品或新服務。一個忠誠的客戶會很樂

意嘗試企業的新業務並向週圍的人們介紹，有利於企業拓展新業務。

當我們節省了種種費用之後，就可以在改進網路和服務方面投進更多的花費，進而在客戶身上獲得良好的回報。所以，今天的企業不僅要創造客戶滿意，更要緊緊地維繫住自己的客戶，使他們產生忠誠度。

2 客戶忠誠度的分類

「客戶忠誠」就是客戶比其競爭者更偏愛購買某一產品或服務的心理狀態或態度，或是「對某種品牌有一種長久的忠心。」

客戶忠誠實際上是客戶行為的持續性反應。客戶忠誠於某一公司不是因為其促銷或營銷項目，而是因為他們得到的價值。價值受到所有要素的推動，例如產品質量服務、銷售支援和便利性等，銷售力量掌握新客戶的爭取，服務部門負責與客戶的直接接觸等。

不同的客戶所具有的客戶忠誠差別很大，不同行業的客戶的忠誠也各不相同。

那些能為客戶提供高水準服務的公司往往擁有較高的客戶忠誠。

客戶忠誠可以劃分為以下不同的類型，其中某些類型的客戶忠誠要比其他種類的更為重要。

1. 壟斷忠誠

壟斷忠誠是指客戶別無選擇。例如因為政府規定只能有一個供應商，客戶就只能有一種選擇。這種客戶通常是低依戀、高重覆的購買

者，因為他們沒有其他的選擇。

(1)公用事業公司就是壟斷忠誠一個最好的實例。

(2)微軟公司的很多產品也具有壟斷忠誠的性質。一位客戶形容自己是「每月 100 美元的比爾・蓋茨俱樂部」的會員，因為他至少每個月要為他的各種微軟產品進行一次升級，以保證其不落伍。

2. 惰性忠誠

惰性忠誠是指客戶由於惰性而不願意去尋找其他的供應商。這些客戶是低依戀、高重覆的購買者，他們對公司並不滿意，如果其他的公司能夠讓他們得到更多的實惠，這些客戶便很容易被人挖走。擁有惰性忠誠的公司應該通過產品和服務的差異來改變客戶對公司的印象。

(1)一個典型的惰性忠誠的例子是：一位製造商總是從同一家賣主那裏訂購某一專門部件。

(2)具有惰性忠誠的採購經理理解他們之所以總是選擇一家特定的賣主，是因為他們對於訂貨流程非常熟悉。

3. 潛在忠誠

潛在忠誠的客戶是低依戀、低重覆購買的客戶。客戶希望不斷地購買產品和服務，但是公司的一些內部規定或是其他的環境因素限制了他們。

(1)客戶原本希望再來購買，但是賣主只對消費額超過 2000 元的消費者提供免費送貨。

(2)客戶希望再光顧，但是其他因素限制了他們。例如，一對夫妻經常一起外出就餐。妻子喜歡吃希臘菜，而丈夫卻是一位素食主義者，他不喜歡地中海食品，結果這對夫妻只好去雙方都能接受的飯店。要發現這對夫妻的潛在忠誠，飯店應該提供一些美式菜肴或素食。

4.方便忠誠

方便忠誠的客戶是低依戀、高重覆購買的客戶。這種忠誠類似於惰性忠誠。同樣，方便忠誠的客戶很容易被你的競爭對手挖走。

(1)某個客戶重覆購買是由於地理位置比較方便，這就是方便忠誠。

(2)假如某個辦公室經理 20 多年來一直負責辦公用品的採購。由於習慣，他總是在同一起超市購買。這也是方便忠誠。

5.價格忠誠

對於價格敏感的客戶會忠誠於提供最低價格的零售商。這些低留戀、低重覆購買的客戶是不能發展成為忠誠客戶的。

(1)那些經常光顧拍賣網路的客戶，以購買廉價惠普雷射印表機墨盒的公司便是最好的價格忠誠實例。

(2)那些看不出面布紙區別的客戶總是購買最便宜的紙幣。

6.激勵忠誠

公司通常會為經常光顧的客戶提供一些獎勵。忠誠與惰性忠誠相似，客戶也是低留戀、高重覆購買的那種類型。當公司有獎勵活動的時候，客戶們都會來此購買；當活動結束時，客戶們就會轉向其他有獎勵的或是有更多其他獎勵的公司。

(1)經常選擇美國航空公司的旅行者是為獲得其所提供的免費飛行里程，這就是激勵忠誠的表現。

(2)經常在安道日用品店購物的客戶是被其「常客俱樂部」的活動所吸引，這也是激勵忠誠的一個表現。

7.超值忠誠

這是一種典型的感情或品牌忠誠，超值忠誠的客戶是高依戀、高重覆購買的客戶。這種忠誠以很多行業來說都是最有價值的。客戶對

於那些使其從中受益的產品和服務情有獨鍾，他們不僅樂此不疲地宣傳它們的好處，而且還熱心地向他人推薦。

(1)一個客戶把他最近購買的新款索尼筆記本電話帶到朋友家中，並向炫耀它的新功能，這就是超值忠誠。

(2)客戶不顧路途遙遠也要到專賣店去購買「耐克」牌運動鞋，這也是超值忠誠。

(3)一位攝影愛好者總是購買 35 毫米柯達膠捲，而對其他型號的膠捲從不問津，這更是超值忠誠。

3　客戶對品牌忠誠度的測量

客戶對某品牌的忠誠度，可以用下列標準進行測量：

1. 客戶重覆購買次數

在一定時期內客戶對某一品牌產品重覆購買的次數越多，說明對這一產品的忠誠度越高，反之則越低。由於產品的用途、性能、結構等因素也會影響顧客對產品的重覆購買次數，因此在確定這一指標合理界限時，必須根據不同產品區別對待，不可一概而論。

2. 客戶購買的挑選時間

根據消費心理學，顧客購買商品都要經過挑選這一過程，但由於信賴程度的差異，對不同產品顧客購買的挑選時間是不同的，因此，從購買挑選時間的長短上，也可以鑑別顧客對某一產品的忠誠度。一般來說，客戶挑選時間越短則表明其忠誠度越高；反之，則說明越低。

3. 客戶對價格的敏感程度

消費者對價格都是非常重視的，但這並不意味著顧客對這種產品的敏感程度相同。事實表明，對於喜愛和信賴的產品，消費者對其價格變動的適應能力強，敏感度低；反之則敏感度高。運用這一標準時，要注意產品對於人們的必需程度、產品供求狀況及產品競爭程度三個因素的影響。只有排除上面三個方面因素的干擾，才能通過價格敏感度指標正確評價客戶的忠誠度。

4. 客戶對競爭產品的態度

根據客戶對競爭品牌的態度，可以從反面來判斷對某一品牌忠誠度的高低。如果客戶對競爭品牌有興趣並抱有好感，那麼就表明他對本品牌忠誠度較低；如果客戶對競爭品牌不感興趣，或沒有好感，就可以推斷他對本品牌的忠誠度較高，一般對某種產品或服務忠誠高的顧客會不自覺地排斥其他品牌的產品或服務。

5. 客戶對產品質量的承受能力

任何服務或產品都有可能出現因各種原因而造成的質量問題。如果客戶對該品牌服務或產品的忠誠度較高，當服務或產品出現質量問題時，他們會採取寬容、諒解和協商解決的態度，不會由此而失去對它的偏好；如果客戶的品牌忠誠度較低，服務產品出現質量問題時，他們會深深感到自己的正當權益被侵犯了，可能產生很大的反感，甚至通過法律方式進行索賠。

4　提高品牌忠誠度的手段

客戶對品牌忠誠度的高低是由多種因素決定的，因此要從多方面入手才能提高客戶的品牌忠誠度。

1. 樹立客戶至上的觀念

這種觀念就是使企業的一切活動圍繞客戶展開，自覺地為滿足客戶的需要服務，以贏得客戶的好感和信賴，具體包括：

⑴以創意超越客戶的期待。讓服務或產品超越客戶的期待，是爭取眾多客戶，培養品牌忠誠度的有效手法。

⑵建立健全客戶諮詢系統。

⑶完善售後服務體系。

品牌的忠誠度往往體現在客戶對服務或產品的重覆購買上。要保持較高的重覆購買率，沒有較高水準的售後服務是不行的。售後服務是一個系統工程，須用完善的售後服務體系加以保證。要使客戶從購買服務或產品起，直到服務或產品被消費使用完畢，包括送貨上門、安裝調試、人員培訓、維修保養、事故處理、零配件供應以及服務或產品退換等每一個環節，都處於滿意狀態，真正使客戶感到購買放心。

2. 不斷提高產品質量

優質產品是客戶對品牌忠誠的前提條件。

對開拓產品品質優勢，一般包括以下幾個方面的內容：

⑴評估企業產品目前的品質。在本企業產品中，目前被客戶認為品質低的是那幾種？是整個產品還是產品的某個方面？

⑵設計客戶需要的產品。要根據客戶的設計產品,包括產品的式樣、色澤、款式、技術含量、文化附加值等。

⑶建立獨特的品質形象。與眾不同的品質形象會使客戶易於接受,同時也非常適應現代社會追求個性的特色。

⑷產品便於使用。產品使客戶容易接受的因素之一,就是易於操作或者攜帶方便。蘋果牌電腦的特徵之一就是便於使用。因此,對於廣大非科技專業的客戶來說,該品牌電腦銷售量一直經久不衰。

3.合理制定產品價格

一看質量,二看價格,是客戶的普遍心理,因此,合理制定產品價格是保持並提高品牌忠誠度的重要手段。首先,要堅持以獲得正常利潤為定價目標,堅持摒棄追求「暴利」的短期行為。定價在合理範圍和能為人們接受,如果漫天要價,即使是品牌產品也會無人問津。其次,定價水準要盡可能符合客戶的預期價格。如果企業定價超過客戶的預期價格,客戶就會認為價格過高,名不符實,購買欲望也會因此而降低。最後,還要保持價格的相對穩定。實踐證明,客戶非常反感頻繁的價格波動,因為在他們眼裏,只有質量不穩才會造成價格的上下波動。因此,價格的上下波動也會影響客戶對品牌的忠誠。

4.塑造良好的品牌形象

客戶對品牌的忠誠度不僅僅是出於對產品使用價值的需要,也帶有強烈的感情色彩。只有塑造了良好的品牌形象,使之在客戶心中留下美好的印象,他們才會產生對該產品的忠誠。

5 提高轉換成本是忠誠計劃的關鍵

「轉換成本」的改變最早是由邁克‧波特在 1980 年提出來的，指的是當消費者從一個產品或服務的提供者轉向另一個提供者時所產生的一次性成本。這種成本不僅僅是經濟上的，也是時間、精力和情感上的，它是構成企業競爭壁壘的重要因素。如果顧客從一個企業轉向另一個企業，可能會損失大量的時間、精力、金錢和關係，那麼即使他們對企業的服務不是完全滿意，也會三思而行。

以國外電信運營商為例，他們主要從三個方面來培育客戶的忠誠度：一是提高客戶的滿意度，二是加大客戶的跳網成本，三是留住有核心客戶的員工。而據統計，約有 65%～85%的流失客戶說他們對原來的供應商是滿意的。因此，為了建立客戶忠誠度，電信運營商必須將在其他方面下工夫，尤其是努力加大客戶的「跳網」成本，從而將顧客留住。這個「跳網」成本就是顧客的轉換成本（switching cost）。

1. 轉換成本可分為 8 種

⑴經濟危機成本（economist risk cost），即顧客如果轉投其他企業的產品和服務，有可能為自己帶來潛在的負面結果，例如產品的性能並不盡如人意、使用不方便等。

⑵評估成本（evaluation cost），即顧客如果轉投其他企業的產品和服務，必須花費時間和精力進行信息搜尋和評估。

⑶學習成本（learning cost），即顧客如果轉投其他企業的產品和服務，需要耗費時間和精力學習其使用方法及技巧，如學習使用一

種新的電腦、數碼相機等。

⑷組織調整成本(setup cost)，即顧客轉投其他企業，必須耗費時間、精力與新的產品服務提供商建立關係。

⑸利益損失成本(benefit loss cost)，即企業會給忠誠顧客提供很多經濟等方面的實惠，如果顧客轉投其他企業，將會失去這些實惠。

⑹金錢損失成本(monetary loss cost)，如果顧客轉投其他企業，可能又要繳納一次性的註冊費用等。

⑺個人關係損失成本(personal relationship loss cost)，顧客轉投其他企業可能會造成人際關係上的損失。

⑻品牌關係損失成本(brand relationship loss cost)，顧客轉投其他企業可能會失去和原有企業的品牌關聯度，造成在社會認同等方面的損失。

2.怎樣應用轉換成本

企業要提高客戶的轉換成本，首先應該考慮如果自己的客戶轉投競爭對手，將會在程序、財政和情感三方面的損失進行仔細的評估。然後透過提高顧客 8 種轉換成本中的一種或幾種，來增加客戶轉換的難度和代價。有的企業透過宣傳產品、服務的特殊性，讓客戶意識到他們的轉換成本將很高。例如，信用卡公司可以向客戶宣傳金融服務的複雜性和學習過程很長，讓他們感知到程序轉換成本很高，因此不願意輕易更改服務提供商。

同樣，透過宣傳企業自身的特殊性和不可替代性，為客戶提供一整套適合他們的產品和服務，來增加客戶對他們的依賴性，從而讓客戶意識到它是不可替代的，也有效地抵制了其他企業忠誠計劃的誘惑。

　　為客戶提供更加人性化、定制化的產品，與客戶建立情感層面的一對一的關係，也將大大增加客戶的程序和情感成本。如花旗銀行將顧客的照片印在信用卡上，MCI 世界通訊公司為消費者提供一個專供家庭成員使用的直撥家庭電話系統。

心得欄

第 九 章

將客戶轉換為忠誠者

1 培養忠誠顧客的七步驟

一、客戶的定義

　　「Customer(顧客)」這個字的定義說明了為何企業需要開發顧客、培養顧客,而不是只單純地吸引購買者。Customer 的字根是 Custom(惠顧)。根據字典的定義,Custom 是「照慣例或經常性地呈現一項事物」,以及「習慣性的行徑」。

　　顧客即是習慣性地向你採購。如此惠顧的建立,是透過一段時期經常性的購買和相互間的互動。一個人若沒有經常接觸的記錄,或重覆性購買,就不算是顧客,只是一般的購買者。真正的顧客是需要時間「培養」。

　　哈雷大衛森在 1993 年 6 月 12 日慶祝 90 歲生日的時候，已擁有 63%的市場佔有率。當天約有 10 萬人參與這項盛會，包括哈雷大衛森騎士俱樂部 (Harley-Davidson Owners Group，簡稱 HOG)1800 名會員。方圓 60 英里的旅館全都客滿，對美國這家製造業來講，真是值得驕傲的一天。

　　事情並非總是這麼瑰麗輝煌。早在 80 年代初期，極少數人給予哈雷大衛森存活的機會，當然也沒有人預料到公司會有今天的成就。哈雷是美國最後一家存活的機車製造廠。而該公司的業務也正為日本廠商吞食，該公司瞭解到若不採取一些變革措施，將會萬劫不復。於是開始在產品線上進行一連串的改良。到了 1987 年，改良成功的產品，使哈雷重新擁有市場上舉足輕重的地位。自此，哈雷在年長一點並負擔得起美金平均一萬元機車的顧客群中，持續受到歡迎和忠誠的擁戴。

　　如此的轉變，只是因為製造上的改良嗎？不儘然。儘管現在的哈雷的確是製造比較優良的機車，但是事業上的騰達，主要是因為開發了一群忠誠的顧客。這家公司確認出「典型的」哈雷騎士，並試著符合他們的需求。雖然媒體通常將哈雷騎士描繪成留著胡腮，身上帶有刺青、疤痕。事實上大多數的顧客都是一般中產階級或是中上階層的人士，與隔壁鄰家的先生女士沒啥兩樣。這些人將騎機車視為一種嗜好或運動，這些機車是好玩的，它們是成人的玩具，可增進日常生活的樂趣。並且，哈雷的顧客都是忠實的。一旦成為 HOG 成員，就永遠是 HOG 的會員。現在讓我們來印證一下哈雷騎士是如何符合前面所定義的忠誠顧客。

1. 經常性重覆購買

理察英茲芮樓(Richard Inzerillo)是一位律師。他和他的妻子黛博拉(Deborah)，在短短的 15 個月內，從零開始，購置了 5 輛哈雷機車，而且一次比一次的機型高階。當這對居住在 West Islip 的夫婦，在 1991 年 8 月時買下一部 Electra Glide 機型之後，9 月份又買下了 Sportster，過了一個月，在 Sportster 跑了 33 英里之後，他們把它換掉，改添兩部 Softail。接著又將 Electra Glide 換成頂極的 Ultra Classic Electra Glide，並又購置一部依個人要求改裝的 Softail。最近，再添了一部 Nostalgia。

哈雷的客戶群之一，是屬都會裏富裕的機車族(Rich Urban Bikers，簡稱 RUBS)。這些人喜歡享有新型的機車，喜歡擁有一堆不同機型的機車，喜歡買一些配備裝置在機車上。他們買了工廠出產的機車，再花額外費用，依個人喜好將其改裝。像是新潮的座椅、排氣管，車前燈等配備，都會吸引顧客一次又一次不斷地回到廠裏。例如像狂熱的 HOG 成員英茲若芮樓夫婦，為他們的 Softail，會毫不猶豫地購買一件需要 4000 美金的配件。不只是 RUBS 這麼驕縱他們的哈雷，一般薪水階級的男女，也都肯花大筆的鈔票，重新整備他們的機車。

2. 惠顧公司提供的各種產品或服務系列

這些顧客不僅會購買一部接著一部的哈雷機車，更會為他們的機車不斷地添購配件。一些客人花了 20000 塊美金買一部哈雷，另外再投資選購配備。有一名客人為一部哈雷總共投資了 28000 美金。每每有任何新型產品即將上市，忠實的顧客就早早登記排隊，等著採購。

過去 5 年裏，只在哈雷經銷商銷售的印有公司品牌的一系列商品，逐漸受到市場歡迎。這些屬於機車週邊商品的銷售量有顯著的成

長。這些產品包括從美金 500 元一件的真皮黑夾克，到 65 元一件的蕾絲胸罩，甚至 12 元一付的防風眼鏡。

馬帝亞桑茲(Marty Altholtz)販買機車已有 25 年的歷史。他最近發現配件的銷售佔了大部份的業務，銷售對象除了機車族之外，還有仰慕哈雷形象的人。亞桑茲說：「我們已經像個小型的百貨公司了！」哈雷大衛森出產的配件有鑰匙煉、馬克杯、徽章、鋼筆和鉛筆的組合、防風眼鏡、小刀、太陽眼鏡、袖口煉扣、撲克牌、皮夾、無邊帽、T 恤、運動鞋、地球儀，紙鎮以及煙灰缸等。當然還少不了哈雷的毛線衣外套和皮夾克。

3. 建立口碑

米雪兒羅素(Michelle Russo)是長島鐵路公司的一名秘書，今年 25 歲。她的男友擁有一輛哈雷，不久前她也買了一輛。起初米雪兒對機車並不感興趣，是她的男朋友一直描述他那輛哈雷有多棒，如果米雪兒也騎一輛機車的話，該有多好玩。她的男朋友不但說服了她買一輛機車，而且還是一輛哈雷機車。她剛開始只是騎一輛入門的哈雷車種 Sportster。現在進階到另一車種 Low Rider。騎哈雷的人都說對哈雷的狂熱，像是上了癮一樣，至今尚無藥可救。這種狂熱還會傳染，HOG 會員已有十萬名。

4. 對同業競爭者的促銷有免疫性

哈雷機車的車主不承認還有其他種類的機車存在。他們深信騎別種機車是一件很悲慘的事情，倒不是哈雷是路上跑的最快速、最靈巧的機車。許多日本製的車種，跑起來更快、外型更光鮮、價錢或許更經濟，但卻只有哈雷是一流的，他們一致認為哈雷是最炫麗的，騎上它，有一種超然的快感，能夠快速地到達目的地不是重點，重要的是能騎著哈雷到達目的地。

哈雷是每個成年男子夢寐以求的，超過 1/10 的車主承認，哈雷機車的名字已經深深刻印在他們身上。

二、培養忠誠顧客的七大階段

從一般的消費者演變成忠實的顧客，也是有階段性的，需要一段長時間的滋養灌溉，對每一階段的培育都細心照料。任何一個階段都有特定的需求，確認每一階段的發展性質，以符合各個階段的要求，那麼廠商爭取一般購買者成為忠誠客戶的機會將大為提升。

圖 9-1　老客戶形成系統

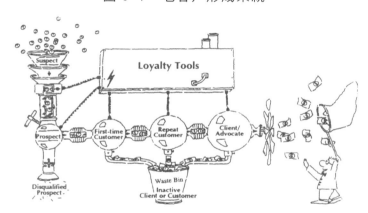

第一階段：有效潛在顧客(Suspect)

有效潛在顧客是指他對你提供的產品或是服務有需求,也有能力購買。雖然有效潛在顧客還未向你買過,但他們聽過你這家廠商,看過有關你的介紹,或許也曾有過某位仁兄向他們推薦過你的產品。有效潛在顧客也許知道貴寶號在那裏陳售、銷售過什東西,但還未向你購買過。

第二階段：可能買主(Prospect)

可能顧客是指任何可能選購你產品或是服務項目的人。稱他們做可能顧客，是因為覺得他們應該會購買，但還不敢確定。

第三階段：非顧客(Disqualified Prospect)

這是指一些你已經瞭解夠清楚的顧客，但他們並不需要你所提供的產品，或是沒有能力購買。

第四階段：初次購買者(First Time Customer)

這是一些向你購買過一次的買者。他們可能會成為你的主顧，也有可能成為你同業競爭對手的客戶。

第五階段：重覆購買者(Repeat Customer)

指的是已向你購買兩次或是兩次以上的顧客。他們購買過兩次以上相同的商品，或是在不同的狀況下選購過不同的商品。

第六階段：主顧(Client)

主顧會向你購買你所銷售的任何他用得著的商品。他會有經常性的採購，你會和他維繫堅固並持久的友好關係，使他們不至於被同業競爭者的促銷所誘惑。

第七階段：品牌提倡者(Advocate)

如同主顧一樣，他們會向你購買任何用得到的商品，並做經常性的採購。另外，品牌提倡者會主動向親朋好友推薦，多多惠顧你的產品。總之，品牌提倡者會向人闡述有關你的產品，替你做行銷打廣告，還為你招攬顧客上門。

沉寂顧客(Inactive Customer or Client)：這是指曾經是主顧或是常客，但近來確有一段超乎尋常的時日不曾上門。

2 將初次惠顧者轉為重覆購買者

一、初次惠顧者拒絕回頭的四個原由

顧問夏普洛(Richard Shapiro)專事於如何挽住顧客方面的研究。他發現有許多公司，初次惠顧客人的流失率通常是舊客人的兩倍。主要原因有下列四點：

1. 問題腐蝕彼此的關係

如果一個問題發生在最早接觸的三到六個月，就會被認定是個經常性的問題，而讓買主感到懊悔。如此的疑慮很快就腐蝕彼此的關係，且阻礙了未來發展的可能。

2. 沒有正規的服務系統

爭取新顧客，得花上數個月，甚至數年的功夫，卻沒有建立起嚴謹的訂單處理程序和客戶管理效能。

3. 與決策者溝通不力

供應商很少和客戶企業的決策者進行常態性的溝通，經常只是和使用的相關人或是技術人員聯絡洽談。雖然這些人參與採購，但沒有完全的決定權。若與決策者之間的溝通薄弱，供應商的地位恐不穩固。再者，如果沒有正規的溝通管理，當原先的決策者離職有新人接任時，供應商又會面臨另一波的競爭威脅。

4. 與前任供應商敘舊

倘若顧客還有與先前的供應商往來，一旦問題發生，就很容易回

到先前供應商那兒求援。

一對美國夫婦在東京的百貨公司買了一個新力牌的 CD 唱機。這個經驗著實讓他們上了一堂什麼是顧客忠誠的課，使原有的憤怒化為驚喜，最後不得不讓他們折服。

這對夫婦待在日本 Sagamihara 市的婆家，正試著剛買回來的唱機，發現唱機不能動，檢查結果確定是少了馬達或是啟動器之類的元件。

氣極敗壞的丈夫，打算等到了早上 10 點整，這家大田百貨公司一開門營業，就撥電話給他們的經理，要求賠償損失。

但，就在早上 9：59 分，電話鈴響了，丈夫的媽媽接了電話，她必須將聽筒拿離耳朵，因為電話那頭傳過來日式的敬稱語，是那麼地熱情有力。打電話來的不是別人，正是大田百貨公司的副總經理，說他正帶著新的點唱機趕來他們家。

不到一小時，那家公司的副總經理和一個年輕的職員就站在門口，年輕人手上提了一包東西，見到顧客出現，兩人立即恭敬地鞠了一個躬。

一邊鞠躬，年輕人一邊開始向顧客解釋他們是如何嘗試更正這項過失。那天，這對夫婦剛結完帳離開櫃台，售貨員就發現問題，並馬上請大門守衛攔住他們，但他們已經離開了。售貨員就向主管報告這項失誤，這位主管又往上呈報，就這樣直到副總經理那邊。既然公司唯一有的線索，是他們用來付帳的美國運通卡的卡號和持卡人的姓名，他們就從這裏開始著手。

售貨員打電話給東京附近的 32 家飯店旅館，問有沒有這對夫婦登記住宿。結果都沒有找到。因此留下一位職員，等到晚上九點，在紐約的美國運通總公司開始上班。美國運通給了他這對夫

妻家裏的電話號碼，幾乎已經是東京時間的午夜，這位職員用這個號碼，聯絡上了這位太太的父母。他們是來幫忙看家，太太的父母給了他這對夫妻在東京的住址和電話。

年輕人一口氣敍述完這段經過，然後拿出禮物給顧客：一個價值 280 美元的 CD 唱機、一組浴巾、一盒餅乾和一張 Chopin 鐳射唱片。接著拿出售貨員重寫的發票，一面還道歉讓他們久等。前後不到五分鐘的時間，這對受寵若驚的夫婦看著百貨公司的副總經理和他的職員走回計程車。他們誠懇地希望這對夫妻能原諒他們的過失。

二、認同之後才有真正的往來

主動熱忱的表現，獲得顧客認同之後，才有真正的業務往來。是否可成為忠實的顧客，就看商家在顧客購買之後的表現。

有個人死了之後到了天堂，隨後被告知他可以選擇要待在天堂或是地獄。他打算利用這個不尋常的機會看一下這兩個地方。天堂是非常寧靜，人們穿著白袍，吟唱著讚美詩，沉浸在悅人的目光中。這位訪客心想，這地方很好，但若是永遠待在這裏，會太枯燥。接著參觀地獄，他很訝異地發現人們有這麼多的歡樂。他們打高爾夫、玩橋牌，而且這地方一點也不熱。他回去告訴天使他要待在地獄。

但當他回到地獄時，所有的事情和他當初看到的都不一樣，變得非常熱而且很恐怖，人們都很淒慘——就像他最原先想的。

「這是怎麼一回事」他著急地問魔鬼：「這完全不是我參觀時看到的景象。」魔鬼告訴我：「你來參觀時是個潛在的顧客，現在已經成了客戶。」

　　這段幽默的故事說明了生意是怎麼做成的。當顧客的需求沒有被滿足，銷售期間建立起的信賴感很快就褪色。

　　華爾街日報有篇文章闡述了初次交易後的關係是多麼敏感，很容易喪失聲譽。這個故事刊登在推出新型個人電腦不久之後，標題是「訂購新型電腦可能是個麻煩」，以下是三個買主的控訴：

　　一位華盛頓律師哈瑞森說他在 8 月 3 日廣告一打出來時，就訂了一台電腦，對方告訴他機器可能 3～5 天會送到。他說他一直沒有收到這部電腦，即使接下來的幾個星期，打了不下 50 通電話，仍然不知道訂單的下落。

　　康乃迪克州的電腦顧問路易士訂了一部電腦。3 天之後，打電話去問機器送出來了沒有。「他們說：『我們這裏沒有系統可以查出你的訂單在那裏？』」一週後，他取消訂單。但連續打了幾通電話，竟沒有一個人可以確認他取消了訂單。

　　路易斯安那州的自由作家葛謝姆(Tom Grsham)訂了一部電腦。但隨後改變了心意，第二天打電話去取消。經過一個禮拜，對方也是告訴他，Ambra 的訂購系統沒辦法確認他的消訂。

　　當問及 Ambra 的發言人時，他說公司的電腦的確有追蹤訂單的記錄，這三名顧客碰到的麻煩純屬意外。不管是意外與否，Ambra 的表現代表一個簡單的事實：每一位顧客的感受，來自於他個人的訂單是如何被處理。

三、鼓勵初次惠顧者再次惠顧的十四項行動

　　要根據你產業的個別需要，為你所處的特殊情境，選擇出最適合的方法。

1. 銘謝惠顧

　　許多公司都忽略掉了成交後的感謝，事後謝謝顧客的惠顧，是建立忠誠的行銷技巧。一個顧客只有一次當初次惠顧者的機會，錯過了謝謝顧客的惠顧——尤其是對初次購買者——無疑是將建立顧客忠誠的大好機會遺漏在路上。

　　過去幾個月裏，客戶買了一台 5000 美元的冷氣機、一台 6000 美元的電視機、一輛 7000 美元的車子、和一雙 50 美元的鞋子。這些採購之後，客戶沒接到他們任何的表示——除了鞋子售貨員之外。她對客戶的光顧表示感謝，並希望客戶感到舒適過後，下一次買鞋時會記得她。

　　這樣是不太對的。該客戶打電話給每家商店(除了鞋店)，問他們貨品賣了之後有沒有想到要寫封感謝函給顧客。下面是他們的答覆：

　　賣冷氣的經銷商：「我們從來沒有想過要這麼做。偶爾我們的貸款公司會寫封信給他們所有有記錄的客戶。」(為什麼？他也不太確定。)「我知道這是一個好主意，我也知道你會要問我為什麼不這麼做。我想我們一直沒有功夫去做，是因為業務上有太多的事情要做。」

　　賣電視的經銷商：「寄封感謝函的確是件很值得做的事情。真的，我們大概是在八、九個月前停掉的。我們最近忙於保證和分期付款的業務，實在沒有時間。但我老實告訴你，從客戶的觀點，這實在太棒了。我們曾經得到很好的反應，我們遲早會再恢復這個制度。」

　　賣車的經銷商：「你在開玩笑？這是我們做的第一件事情。交車的那一天，業務員坐下來，隨即就寫一封感謝函。鐵定錯不了！」

那已經是一個月以前的事了，到現在信還沒送到！

簡單的一封感謝函是個不困難也不昂貴的方式，可以讓顧客確信他們惠顧這家商家是個正確的選擇。只要簡單地幾句話說：「謝謝您近日的惠顧，希望您能愉快地享用(產品名)。如果有任何問題，或是對(產品名)需要有進一步的資料，請不要客氣讓我們知道。」信頭的稱謂應該個人化，避免一般性的「親愛的顧客」，使用得太頻繁反而無益。

一封感謝函在新顧客心中，可以為日後長遠關係種下忠誠的種子。既然這麼少的行銷人員做到，使你與別家廠商有所區別，也使你與客戶有更進一步的私人往來。國際行銷公司 Rapp & Collins 的總裁史丹瑞普(Stan Rapp)巧妙地描述 90 年代的行銷：「贏得理智不如贏得情感(winning share of mind is giving way to winning share of heart)」。感謝函正是有效的第一步。

2. 儘早尋求顧客的回饋並迅速回應

一定要讓初次惠顧的客人滿意。「如果你買了一個電壺不管用，你還會再買第二次嗎？當然不會。」為了使顧客還會再來向你購買，必須要讓他們相信你的產品可以幫他們。

問他們是否對產品或是服務感到滿意。如果有任何問題，趕緊糾正。嚴格執行這項追蹤，以評估客戶滿意度。確定家電器成交後第二天，問問對方「操作有否問題」，瞭解客戶滿意度，才可能贏得客戶重覆採購。

位於達拉斯 Ameri Suites 旅館的業務主管發現，追蹤顧客，同時顧及在客戶群裏如旅行者和為他們安排旅程的秘書，是穩固忠誠度的重要法則。

要訣是當顧客還待在旅館時，打電話給他的秘書查詢這趟旅行如

何。大部份的旅行者每天會和公司聯絡，所以這個策略很管用。萬一有什麼問題，業務主管可以幫忙解決。有一次，有位客人從他的房裏出來，找到這位業務主管，說:「我要和你握握手並謝謝你，在我外出的時候幫我和我的秘書聯絡，讓我在離開這兒前確定好一切都沒有問題。這真讓我印象深刻。」這種追蹤的技巧幫助這家旅館的業務主管培養和兩名顧客的關係——秘書或旅程安排者和旅館的客人。

3. 持續在客戶的心中強調你的價值

好的服務還不夠，只有在顧客理解了才能算數。紐約布魯克林的Allcounty 鉛管鋪設公司瞭解，提醒顧客他們提供了附加價值的服務的重要性。布魯克林的鉛管生意競爭相當激烈，電話簿裏排滿整整 20頁的廣告就可以證明。

顧客有太多的選擇。為了使顧客忠誠，每完成一項工程，Allcounty 就寄出一封感謝函，以加強客戶對該公司注重品質的印象。其中一段文字是這樣(注意他們以顧客為出發點的描述方式):「我們讓您滿意的努力是始於慎選每一位員工，包括接待生、送貨員，到服務員、監管幹部。如一果您有任何需要，不論白天或晚上，我們一週七天，隨時為您待命……您或許注意到了我們提供有一年的保證期，這是對您滿意的承諾。如果您有任何需要或是疑問，請撥我們的客戶服務專線(718)856-8700」。

Office DePot 是美國最大的辦公室用品連鎖量販店，超過 290家的店遍佈在 32 個州。從 1986 年創立時的 3 家，到 1992 年幾乎 300家，它以低廉價格提供各式品牌的辦公室用品，贏得了中小型企業客戶的忠誠。倉儲式的量販店供貨充裕，價格平均都比製造商的建議售價低了 40～60 分美金。

知道顧客最看重的是他們低廉的價錢，他們就在貨架上和顧客的

收據上列出了獨特的價格比較。傑克在奧斯丁的分店買了一樣文具，收據上列了一串文字：

按照目錄的價格將會花費您 15.75 美元

Office DePot 的價錢是 8.29 美元

省下了 7.46 美元

謝謝您在 Office DePot 的惠顧！

在你每一次與顧客接觸時，是如何附加價值予顧客？想一想這項策略：每次拜訪客戶時，手邊有沒有一點有趣的新聞可以提供點子給顧客。可以是從貿易雜誌看來的一些東西，或是從同事那兒聽來的。例如，你想打電話給客戶，你可以說：「李先生，我今天打電話給你，是有幾件事要向你報告。第一，我要和你分享一項訊息，是我在哈佛商業評論上看到的，與你的業務有些關連。第二，我想通知你一樣剛推出的新產品，你可能會有興趣。」

像這樣價值附加的策略有助於將來的接觸，或是訂單。銀行的副總說：「我們要確定我們是在建立關係，而不是在勉強一種關係。你想要你的顧客多多使用你的服務體系，你必須去掙得，顧客都在尋求有價值的貨品。」

4. 郵寄產品使用說明

初次惠顧者不再購買的另一個理由，可能是不會使用產品。你曾經看見有多少家庭或是朋友買的電腦，現在是佈滿了灰塵被堆在倉庫裏？如果顧客不使用你的產品或所提供的服務，顧客可能就沒有興趣和你繼續保持業務關係。

使用說明郵函，在顧客購買之後，郵寄予顧客的詳盡使用說明函，可以幫助你的顧客如何瞭解使用產品。這封郵函告訴了顧客，他(她)的這項購買決定是明智的，並教育顧客，使這項產品發揮最大的

功效。精心設計的郵函，吸引初次惠顧者再次注意產品，並強化原先對它的興致。在顧客收到或是使用產品之後，隨即寄出這封郵函。在郵函裏附上一項優惠，將會鼓勵他們使用新買的產品。例如，電腦零售商可以提供電腦新用戶免費的文書處理課程，或是六個月內半價優待更換印表機的墨水匣。

5. 開發客戶的數據庫

數據庫行銷是有用的，也是有效的，但需要付出時間和精力來執行。客戶數據的收集一定要經過精心的規劃，數據必須要能很快地搜尋到，並隨時補充最新的狀態，這需要集合公司的資源和人力來實踐。採用顧客數據庫行銷的企業，確實比採散彈式行銷的公司有績效得多。關鍵在於收集數據要從顧客第一筆採購就開始記錄。

亞特蘭大城的費緒花商(Fischer Florist)瞭解重覆惠顧的重要性。這家老字號的零售店，成立於 1876 年，是排名美國前 100 的花商。她們會給曾來店裏惠顧的客人寄一封信，提醒他們記得具有紀念性的日子，像是生日、週年慶或是特殊節日。如果美國總統克林頓曾是這家花店的顧客，在 1995 年 6 月初寄給他的提醒信裏會這樣寫著：「1994 年的 6 月 14 日，您記得希拉蕊的生日。今年也請您記得在這個重要的日子，撥個電話給費緒花店。隨信我們附上了幾個適當禮物的建議，供您參考。」

這個辦法原先是用人工抄錄卡片，做成檔案管理。如今，拜現代科技之賜，一切都電腦化了。這項提醒的辦法，是刺激重覆惠顧的經濟型策略。費緒補充，顧客已經漸漸視這份提醒函為一項服務。有一次，我們寄掉了一個郵包，許多顧客打電話來抱怨，因為沒有收到他們的提醒函！

費緒花商只是上千家已經知道數據庫功能的零售店、服務公司、

製造商，以及流通業者裏頭的一家。數據庫行銷是個時髦的名稱，概念卻很簡單——收集有關可能買主或是顧客的資料，利用這些資料，寄給特定客戶經設計過的 DM（郵寄的宣傳函），或是進行電話行銷。

來自瑞典的豪華車 Saab 汽車的美國進口公司，早期運用數據庫行銷，成功地銷售車型如 900CS 和 CSE 轎跑車給美國車主。他們向大約 20 萬名新舊車主寄出說明小冊、信函和 2000 美元的優待券。結果如何？這些郵寄花了 20 萬美元，表達了「感謝客戶對 Saab 的忠誠」，幫助促成了大約 6200 萬美元的業務量。「為了促成交易，你必須要與客戶建立關係。」「你必須要創造價值感、信賴感，強化顧客的決定是明智的想法。」

客戶數據庫幫助了披薩外送公司在校園裏打贏了這場「披薩大戰」。史提夫住在離校區不遠的公寓，有一天晚上 9 點（電視正播著漢堡王 Burger King 的廣告：你餓了嗎？）一家 Pizza Hut 必勝客的業務員打電話來說：「史提夫，我們打電話來是想請問你什麼時候還會買必勝客的披薩，你將享有兩塊錢的折扣。」這名業務員繼續說：「如果你現在就想要，我們可以馬上送上一份熱騰騰的披薩。」史提夫想了一會兒，覺得還不錯，就說好。緊接著就被問：「你要像平常一樣的尺寸，加上意式香腸和額外的起司？」想想看！必勝客已經有了下一個訂單的所有數據——甚至記下顧客上一回的訂購。現在只要把這些數據拿出來使用，針對顧客，選對時間即可。

數據庫可以做為方便的追蹤器：你的客戶是誰、買些什麼，和不買什麼同樣重要。赫爾（Brad Hale）經營一家草皮保養公司，年營業額大約 150000 美元左右，他就是利用他的數據庫將未按時維修草皮的客戶「掃過一遍」。

華茲（George Watts）在 Milwaukee 城市擁有一家水晶瓷器店

鋪，他從 43000 名顧客的數據庫，搜索出 500～600 位對英式花色感興趣的客戶，寄出即將拍賣的通知。當有特別的瓷器式樣不再供應時，他也會先讓客戶知道，敦促他們趕上最後的清倉展示。

6. 持續告知公司全系列的服務項目

行銷最嚴重的錯誤就是認為「大家都知道我們在做什麼。」阿普頓說：「即使同一個產業裏，所有相類似的公司，還是有許多細微的不同。這些獨特的不同點一定得常常告知顧客和有希望的顧客。」

商業顧問阿普頓(Howard Upton)講了一件最近在一家加油站設備公司董事長辦公室裏發生的事情。這家公司專門儲存、販賣加油站用的幫浦等設備，近幾年又積極從事地下儲油槽的裝置工程。那天，阿普頓和董事長正在談話，公司的服務部經理打斷了一下，說：「你們一定不相信這件事。我剛才跟 K-Plus 的執行副董事長聊天，發現他竟然不知道我們有在做儲油槽的裝置工程。」

阿普頓解釋：「K-Plus 經營 400 家加油服務站，是我拜訪的這家加油站設備公司的主要客戶之一。然而，公司的服務部經理來報告，K-Plus 的高階主管竟不知道這公司的主要營業項目之一。」

設備公司的董事長很直覺地反應：「哦！一定是你弄錯了。大家都知道我們有做儲油槽的裝置。」

這件事情說明了一個事實：在日益複雜的商業環境裏，顧客或是可能買主很少能完全瞭解一個公司所提供的全系列產品或服務，除非他們有需要。再說，顧客的記性不是很好，必須常常提醒。公司的產品小冊子、期刊、DM、業務拜訪，都是加強顧客對公司服務項目的印象。

7. 將重覆購買轉為一項服務

調配在婦女用睫毛液中的黑色蜜粉，若不定期更換，很容易滋生

細菌。假如受細菌感染的睫毛液滲到眼睛裏去，會使眼睛嚴重受傷，也有可能變瞎。貝蒂（Jana Beatty）是 Waco 市的美容專家，她瞭解許多婦女對睫毛液可能造成的傷害有所顧忌，就想出一個方法協助她們做好安全措施，同時將初次購買睫毛液的顧客變為常客。以下是她的做法：

當貝蒂賣給新顧客一小瓶的睫毛液，她就解釋每三個月換瓶子的重要性，並告訴她們若加入她的「睫毛液俱樂部」，一年裏會有四次，將新鮮的睫毛液寄到顧客家中。貝蒂會提供購買日期的標籤貼在瓶上，之後三個月到期之前，用郵寄寄出新的睫毛液。貝蒂說，她會在郵寄之前先打電話給客戶，問問是否還需要其他的化妝品。貝蒂說她常常會接到額外的訂單。

貝蒂是如何將初次的惠顧者變成重覆的購買者？她的做法是確認出特定的需求，然後滿足它。

8. 將對顧客服務的成本視為有價值的投資

強化顧客忠誠度的花費，可能比失掉一個客戶的成本來的划算。想到未來可能因重覆購買或良好口碑而來的生意，福特公司特意授權他的經銷商，為維護顧客心目中的聲譽，提撥預算每位顧客最多 250 美元，以糾正顧客看到的問題，福特認為這 250 美元是在保障未來交易的利潤。

一個不尋常的舉動可以贏得顧客永遠的忠誠。

迪士尼樂園裏有一個乘座壞了，製造商 Premier 公司在芝加哥找到了可以替換的零件，就派一名員工在 5 小時之內飛去取件，再送到佛羅里達州的迪士尼樂園。此項服務只索費 14 美元。迪士尼當局覺得費用太少有點過意不去，想要多付一點，但 Premier 拒絕了。其總裁曼德爾（Mort Mandel）這樣認為：偶爾一次的例外服務所費不

多，也許一個客戶幾年才碰到一次，但顧客所產生的忠誠就值回票價了。

9. 和決策者的溝通

當銷售對象是一家大型機構，參與採購決策的可能有好幾位，這些購買專家形成所謂的採購小組，成員可能有：使用者(使用這項服務的人)、影響者(決定規格的人)、購買者(有權選擇供應商)、決策者(最後決定供應商和條款的人)、看門者(控制訊息的人)。

一旦有了初步的決定，常見發生致命的錯誤：銷售和服務人員，甚至高階主管，常與顧客機構裏的使用者溝通交涉，而不是和決策者。根據 MJ 顧問公司的總經理夏普洛(Richard Shapiro)的說法：「關係若是與使用者建立，而不是決策者，員工在客戶的機構中與高層管理者接觸時，會感到不自在。因為他們不瞭解客戶機構的組織和策略方向。畢竟，競爭會延續到決策者身上，應告知他們較新的科技、較佳的途徑或是較經濟的方法。」

透過結構性的訪談程序，可以直接收集到回饋的意見。這樣的程序也讓業務代表有個正當的理由，安排和決策者會面以檢視是否符合客戶的需求。夏普洛說：「正式的程序也提供了業務代表機會，傳達正在研擬的改善措施，和近期實施的政策。」

為了和決策者做有效的對話，並提供一些有價值的訊息，夏普洛建議了幾個問題做開場白：

⑴在和我們公司交涉時，您最欣賞的是那一點？

⑵如果有一件事可以改善我們之間的關係，使雙方合作進行得更有效率，你想會是什麼事？

⑶我們公司要如何勝過同業競爭者？

⑷我們公司應該再另外添加些什麼樣的產品或是服務？

⑸如果你是我們公司的總經理，你會如何爭取客戶？

想從顧客的意見中受惠，你應先決定好收集初次惠顧者資料的時機，以及由誰來分析這些資料。另外，這些資料應如何處理，如何散佈到公司內部。

10.推展顧客獎勵辦法

從顧客第一次購買開始，許多公司就有經營顧客關係的辦法。過去五年，位於康乃狄克州的彌契爾(Mitchell's)汽車經銷商提供新客戶「彌契爾優惠卡」，讓新客戶享有第一年免費洗車、修車其間免費接駁，以及部份汽車配件的折扣價優待。彌契爾的銷售經理泰菲(David Tefft)說：「我們想要表達的超乎了價錢，我們要提供的是一種關係。我們必須花錢在客戶身上，才能維繫住他們。」

一種特別形式的獎勵辦法稱為「家族促銷活動」，一些特殊的活動只有主顧才會被通知。這類活動讓這些客戶感覺到他們擁有這樣的參與機會，是因為惠顧了這家商店。DM、信函或是電話，都是傳達這類訊息的好方法。

當紐約市史坦威鋼琴製造商(Steinway and Sons)的廣告主管史貝爾曼(Leo Spellman)談到與客戶的關係時，他想到未來的 30 年：「我們與客戶的承諾不僅是一次買賣的交易，而是在建立一種關係。我們相信顧客的選購有其附加價值存在。」這個理念應用在 1991 年史坦威提供給經銷商選擇 10 年、20 年或 30 年零利率債券，做為獎勵顧客購買的辦法。

在長達一個月的促銷期間，任何人購買了史坦威鋼琴，就會有一張與鋼琴等值的零利率債券。這種債券一般是依票面金額折扣後的價格購買。到期時，則付與票面相等的價錢，期間沒有利息的支付。舉例來說，一位顧客用 20000 美元買了一台史坦威，同時會收到零利率

的等值債券。30 年後，這張 20000 美元的債券又可以換回 20000 美元的現金。

史坦威的經銷商之一 Clinton's 的經理耐斐(Harold E. Niver)點出了這項促銷活動吸引人的地方:「典型的史坦威鋼琴買主(價格花費多在 1～7 萬美元不等)，是將這項購買視為投資，通常也會把他們的鋼琴當做傳家之寶。」耐斐說:「如果客戶持有這張債券到了到期日，就可以兌現。倘若客戶到了到期日仍要保有產品，則表示他們的確珍視這份價值。」後來證明耐斐的見解是對的，他的店在促銷期間史坦威鋼琴的銷售額就高達 10 萬美元，比正常多出 50%。更重要的是，這項促銷活動穩固了史坦威在顧客心目中的地位。未來家族成員要買鋼琴，一定還是史坦威。

史慕薩曼博士在他的著作「用啟發贏得勝利」一書終提供了對忠誠的剖析:「忠誠是個有趣的東西。要它能持久，必須要時時關照。如果單純地認為沒有人虧欠你什麼，關照起來就容易多了。倘若老是惦記著『他們』虧欠你忠誠，那你可就麻煩了。」

沒有比顧客初次購買時就開始留意、培育關係還要重要的了。將初次惠顧者轉型為重覆購買者，是贏得顧客長期忠誠的重要旅程。

11. 開發「歡迎新顧客」的促銷活動

一個「歡迎新顧客」的小伎倆，可以是刺激初次惠顧者再回來的有效方法。一家美髮沙龍店就用了這樣的小伎倆，包括有「沙龍試用卡」，就沙龍內的各類產品或服務提供優惠券。這些優惠券分別適用於第二次、第三次、第四次和第五次的惠顧。(根據美髮業的統計，平均需要連續五次的消費，初次惠顧者才可能成為穩固的重覆購買者。)

他們也提供了小冊子詳細說明沙龍的特別服務，像是「緊急剪

發」，是為忙碌的客戶臨時要出席一個重要的聚會而設計的。完整詳盡的服務和價目表也都包括在小冊子上。此外，他們還有一個「推薦朋友卡」，詳述新客戶若引薦一位朋友給沙龍，則會有特別的禮物。

在新顧客付賬的時候，櫃台小姐會將上述三樣東西放在一個大型的封套裏，上面印有「我們期待您再次光臨」。櫃台接待員知道這些客人是第一次惠顧的，除了會謝謝他們的光臨，向他們介紹封套裏的東西是為表感謝之意，並邀請他們再次的惠顧。

12. 提供產品保證

龐貝公司（Bombay Company）是北美最熱門的零售連鎖商店。這家公司販賣英國 18、19 世紀時期的仿古傢俱，大約有 400 家店面分佈在美國和加拿大。運用全球的供應網，這家公司擁有自己的產品線，因此價格比起同行競爭的廠家，要低上 30%到 60%。店裏沒有一項傢俱是超過 500 美元的，營業額高達 2.32 億美元。

無條件退換是公司對顧客承諾的主要政策之一。能抓得住客戶一輩子的最好時機，就在他需要退換的時候。「我們把東西運回來，沒有騷擾，沒有提問題，沒有囉唆『收據在那裏？』，比起顧客的忠誠，這些費用微不足道。太多的零售商已經忘了服務是什麼，當你對待客人就像看待 100 萬元一樣，這些客人會回來的。」

寶潔公司（Procter and Gamble）的產品保證也是客戶滿意政策的最前線。1993 年的 9 月，該公司在全國報紙及電視媒體上發動一個強勁的宣傳攻勢，為它一個品牌的牙膏——Crest——提供六個月的滿意保證，若使用了六個月還不滿意，則賠償這六個月的 Crest 花費 15 美元。消費者可以打免付費電話或是寫信去登記註冊參加這項活動，之後會收到一張註冊卡，卡上有資料欄，消費者需請牙醫師將還未使用 Crest 時的牙齒狀況詳細描述。六個月後，由牙醫師記錄滿

意或是不滿意，並將註冊卡填好寄回公司。這個案子加強了寶潔公司想以品質和價值為訴求重點，來擴大並穩固顧客基礎的意圖。上千名的消費者登記，使公司獲得了這些人還有牙醫師的姓名和住址。這兩類資料對未來的追蹤工作都有很大的幫助。

3 誘導重覆購買者轉為忠誠主顧

　　一個企業該如何讓重覆購買者升級成為忠誠的主顧？答案很簡單：給顧客價值感。

　　價值感的重要性和在此階段所扮演的角色，有如柯文(Steven Covey)比擬的個人情感銀行帳戶。柯文描述一個人的情感銀行帳戶的運作，就像實際銀行帳戶的存入、提領一樣。當我們提領的比我們存入的多時，看在別人眼裏，我們就是「透支」。同樣的概念應用在顧客身上，為了將顧客升級成為忠實的主顧，並保有他們的忠誠，我們必須傳遞價值感予顧客，使他們感覺我們存入他們帳戶裏的比我們已經提領的還要多。

　　傳統上，顧客認為價值是結合了價格和品質。90 年代的顧客則擴大了對價值的定義，其中包括了可靠性、購買的方便性，和售後服務。

　　拉斯維加斯的卡爾司(Tom Carns)的 PDQ 快速印刷公司，其年營業額是業界平均的 19 倍。因為他瞭解顧客來此惠顧的種種需求，他指出，不難知道為什麼在美國 60%的印刷服務，不是弄砸了就是遲交

件，這是態度上的問題。就像一家拉斯維加斯的印刷業者窗上的招牌上寫著「這裏不是漢堡王（Burger King）。來到這裏請按照我的方式，否則就不要來。」

蜜莉和卡爾司似乎是企業界的另類。90 年代的企業都吝嗇於對顧客表示感激，認為顧客的光臨是理所當然的，而且沒有展望可言。事實上，忠誠的顧客愈來愈珍貴，不能再將他們視為永不會枯竭的賺錢機器——商家賣什麼，他們就買什麼。對於不好的服務品質、沒有信守承諾、傲慢自大或是心不在焉的售貨員，或者是著重利潤的公司政策而非顧客的滿意度，都會有抱怨。經濟學家預測，緩慢的人口成長、個人所得和零售業務，使得未來的競爭更形劇烈。

一、研究你的客戶

忠誠不是靠顧客嘴上說的來衡量，而是靠他們購買時有提及你產品或是服務的習慣來衡量。客戶研究的目的，是發現最大的顧客群是那些人？他們買些什麼？以及他們為什麼忠誠？這些訊息對任何提升忠誠度的計劃都很重要。想要知道這些問題的答案，你可以找出顧客的購買記錄，以便查得他的購買習慣，並評估其採購模式，例如每年光臨的次數、每次惠顧的消費金額、年度數量採購的比較，以及採購產品的項目。

用銷售金額和銷售數量，將顧客分等級，看看最頂級的是那些人。照理說，頂層三分之一的顧客是真正代表公司利潤的來源。這些人以可靠且一再重覆的方式，投注鈔票給公司。讓你回收最大的是靠著採買量最多的顧客，和與你關係維繫最長久的顧客，他們是公司裏少數增值的資產。再者，評估你最好的顧客是選購什麼樣的產品和服

務，找出顧客最常選購的產品和服務，可為未來如何增加銷售量提供有利的線索。

Reeves 視聽系統的董事長席爾薇從她銷售時開出去的發票中發現了秘密武器。席爾薇在紐約市擁有一家專業用的視聽器材公司，提供產品兼服務項目。因為新近引進了新產品——一套價值 16000 美元的 Sony 投影器材，急需在行銷方面有所突破。她開始將所有的發票過濾一遍，看看那些客戶無力負擔這樣的器材。結果發現大部份都可以，客戶群中 90%來自財星雜誌(Fortune)名列的 500 大公司。但讓席爾薇驚訝的是，發票透露了一個訊息：只有 58%的營收是來自這些大公司，其餘的都來自營業額不到 100 萬的小型企業。

更進一步分析這些發票，以銷售金額排出前 20 名客戶，接著確認他們購買最多的產品。更是驚訝地發現，許多大客戶都因被併購或是被裁併而消失了，取而代之的是廣告公司和保險公司。廣告公司買的是設計編輯系統，保險公司買的是為製作訓練教學課程而購置的電視影帶製作系統。

有了這些資料，席爾威實行一個新的策略：在發票中搜尋尚未添購這項產品的廣告公司或是保險公司。她寄出了一封似以個人名義發出的信函，簡單表達了一個訊息：您的競爭對手都已經可以親手從事製作工作，您不應該也這樣嗎？

至於小型客戶，她的分析顯示這些客戶通常只是偶爾有機會需要服務，他們少有寬裕的經費將工作外包，公司內部也缺乏設備，因此經常是既需要設備又需要服務。這樣的客戶會帶來較高的利潤。為了因應這項業務，席爾薇擴充產品線，並提供三小時交件的服務。席爾薇並將一年四次、廣泛的、無重點目標的例行郵遞宣傳取消，改成小規模式地鎖定這群小型企業市場，每月定期寄出。自從改行這項新策

略，客戶的回應率跳升了 10%。

　　密切掌握顧客的購買行為，可以讓你透析一位穩定購買的客戶，為什麼出現遲疑的現象。穩定客戶的流失可能表示你的產品、服務已不符所需，或是競爭對手推出了新的行銷策略、更具競爭性的價格，或技術翻新等。銷售數額的突然增加也顯露出新的商機。一家公司曾注意到他的一個客戶，買了數量不尋常的貨品。一經調查，知道這名客戶將貨品轉賣給第三者。而這家第三者公司則裝船出口銷往國外，這為該項產品打開了新的局面。

　　研究客戶另一個重要的部份，即是評量出是什麼促使顧客忠誠。換句話說，在公司產品或是服務裏，那些特別的地方能引發顧客的忠誠？顧客是對公司有關保證或是退換的政策，感到印象深刻？公司到底得做什麼來啟發顧客的忠誠？其實許多公司誤以為他們知道答案。

　　佛羅里達州藝術框藝廊的老闆麥康寧爾六年前向 300 名顧客做了一次調查，驚訝地發現：他一直以為顧客選購的重要考慮會是價格，結果竟是優先順位考慮的最後一個。在此之前，麥康寧爾始終與同行進行價格戰，並認為別無選擇。現在他發現顧客在乎的是品質，其次是獨特性。

　　同一份調查顯示，口碑是第三重要的考慮。所以麥康寧爾重新設計他的經營方式，讓人們有更多的理由向親朋好友推薦。既然重覆顧客要的是品質，他就捨棄低廉的外框材質，「我們改用像美術館的框架標準」麥康寧爾說。為了因應這項需求，他存放了 1800 種富創意的框架樣品供顧客挑選。他也開始對所有的作品提供終生的保證，並在交貨後一個月主動打電話與客戶，詢問客戶是否感到滿意。如果交貨延遲，他會事先打電話給顧客，讓他們有充分的心理準備。

　　他教導業務員採用諮商式的銷售辦法──先與顧客交談，確定藝

術品懸掛的位置再商討價格。

　　麥康寧爾改變後的結果如何？平均每筆交易增加了 67 美元至 167 美元的收入。經過四年營業額成長 4 倍，達 60 萬美元，純利 26%。麥康寧爾說：「當我們改做精緻的框架之後，財源滾滾而來。」

　　確認是什麼造就顧客的忠誠之後，接著下一步就要找出如何穩固拓展的辦法。辦法之一是，每逢需求量在尖峰時，多提供顧客服務。你有沒有注意速食餐店，當等待點餐的隊伍排得太長時，裏面的服務員會走出來幫忙登記點餐。在餐廳裏、平價商店，和超級市場櫃台算帳的速度太慢，是生意流失很主要的一個原因。一份研究顯示，假如櫃台前的隊伍超過四個人，第五個人離開的機率就很大。為了加速購物者通過櫃台，現在許多商店都仰賴會自動讀條碼、記錄價格和印出收據的掃描機。Kmart 量販店採用衛星設備，只需幾秒鐘就可審核付賬的信用卡有效與否，比起用電話查核須花上好幾分鐘，快速多了。「過去的舊方法，只會讓那些你試圖想要鼓舞的人感到沮喪。」Kmart 信息經理卡爾森說。

　　位於內布拉斯加州旅行社，成立有六年。總裁葛雷恩為了找出什麼是顧客所珍視的價值，在與企業客戶做定期檢討會議時，很直覺地問了一個問題：「使你繼續使用我們公司服務的最重要原因是什麼？」本來期望會聽到一些像是具競爭的機票費率和飯店住宿費用之類的話，出乎意料之外的，最常得到的答案竟是：「因為你會像這樣和我們開會。」

　　Techsonic 工業公司專事製造聲納器供捕魚人使用。連續九個新產品失敗之後，決定去聽聽顧客是怎麼想的。但公司的盈收直線下滑，公司會願意花費這 20000 美元來對可能買主和顧客做採訪調查嗎？即使年收入有美金 5500 萬的產業，也很少有人願做市場調查。

Techsonic 的總裁貝爾坎並不很肯定是不是需要做。他說:「如果你投錢下去,你會想你將得到什麼。花錢在市調上,得到的不過是一個檔案夾,裏面塞了一些東西。這又不像模具一樣,是項資產。」

當貝爾坎看到結果時,顯得非常不高興:20000 美元換來一張寫著幾段字的紙。每段都是排序,從 1~45。根據這張紙和 94 頁的數據資料,「太陽光」對深海發現器的影響,是顧客的頭號問題。

再進一步對超過 1800 名的漁夫就發現器的問題做電話訪查,同樣請他們依問題的嚴重性做排序,結果發現「太陽光」是最主要的問題,他們沒有辦法在強烈陽光的照射下閱讀發現器。

「我們真的不瞭解這有多重要。」貝爾坎說。第二號大問題呢?漁人一般覺得魚群發現器操作太複雜了。貝爾坎又一次感到驚訝:「我們一直以為漁人喜歡按按鈕。」

現在事情逐漸明朗化,市場研究的結果協助公司找出了問題癥結,並改採新式魚群偵測技術,推出液晶記錄器。成果如何?該產品推出的第一年銷售超過 100000 台。公司以往最好的紀錄也只有年銷96280 台。

企業在實行一種藝術,並從一個原理獲取利潤:探究顧客,以便能發現是什麼造就了忠誠,以及公司能做什麼來穩固拓展它。業績斐然的公司都很清楚這是一個無止境的過程。隨著需求的滿足,顧客對公司的期望也逐漸升高,越能滿足顧客的企業,顧客對他們的期望也就越多。公司經營者一定要能持續不斷地問這樣的問題:我們做的如何?怎樣做能使我們變得更好?

二、為培養客戶忠誠度的行銷

為忠誠而行銷的目的是運用行銷的辦法,為公司和產品或是服務,創造出在顧客眼中真正的價值。忠誠會隨著顧客感受到的價值成正比而增加。以下是三個主要的忠誠行銷辦法:

1. 關係行銷

關係行銷的目的是,利用新近和顧客發展的關係,並以有助於個人交情的服務來拴住顧客的忠誠。Sherwin Williams 是一家大型的油漆公司,最近和 Sears 的主管一同從他們員工裏挑選負責與 Sears 接洽的業務代表,Sherwin Williams 的業務副總史考金(T. Scott King)說:「我們已經共同設定了年度總銷量目標,所以一同選個人幫助我們達到這個目標是很有意義的。」

迪吉多(Digial Equipment Corporation)就經常協助規模較小的客戶,將其企業形象一起併入在宣傳廣告上。迪吉多的媒體關係經理柯帝思巴遜(Joseph Codi Spoti)說:「他們買我們的產品,所以我們做任何能幫助他們成功的事,是很合理的。」

「全錄(Xerox)和奇異(GE)互有買賣交易,因此互派員工到對方的研習會接受訓練。「要真正清楚顧客的需求,你必須除了知道他們是如何用你們的產品之外,還更需要瞭解他們本身。」全錄行銷的執行副總希克思(Waylon Hicks)說。

90 年代的風潮之一,即是公司行號會設計各式各樣新奇有趣的行銷手法,來和顧客建立關係。關鍵是,首先要研究辨識顧客真正的需求,然後決定如何將能滿足他們這些需求的產品提供給他們。在許多產業裏,像這樣的挑戰需要將從產品上的考慮轉換到顧客身上。顧

客必須是第一優先！顧客要的是什麼？找出答案來，然後生產製造，並且以能維繫長久關係的方式傳送與顧客。

2. 頻率行銷

　　頻率行銷是一種很穩固的忠誠建立方法。它的目的很簡單：以獎勵顧客累進採購的方式增加銷售，並建立忠誠度。電腦科技使得這種做法適用於各大小型企業。這種方法也算是定期在向你說「謝謝」。運用這種行銷手法的先驅是美國航空公司(American Airlines)的累計航程里數辦法。它驗證了一個重要的法則：獎勵最好的顧客，有助於將他們和競爭者的促銷活動隔絕。

　　另一個頻率行銷的例子是，1987 年 A 先生曾為 AmeriSuites 旅館針對經常旅行的客人，設計了一個 AmeriClub 的辦法。鎖定需自行付費的商務旅行客人，提供經常住宿該旅館的客人可抵用 50 美元的票券。八年來這個辦法依然是連鎖企業主要採用的行銷辦法，且被視為維繫顧客忠誠的武器。

　　有些行業是比較適合採用頻率行銷，另一些則不適合。在考慮頻率行銷是否適合你們公司時，先想想下面的問題：

　　⑴你的顧客認為你公司和競爭對手的產品或是提供的服務，之間的差異性很小嗎？如果顧客認為你的產品可以被其他廠家取代，如果顧客有可能被說服去向另外一家廠商購買，那麼採用頻率行銷也許有效。

　　⑵你的顧客認為獎勵辦法有價值嗎？你的顧客一定要認為你獎勵經常購買的辦法是值得的、有價值的，採用頻率行銷才會有效。

　　⑶你和你的員工願意長期承諾這樣的辦法嗎？應用這種行銷原理的辦法必須長期實行才能奏效。

　　⑷你願意為了建立長遠的關係，和這些顧客有經常持續性的溝

通？一個月一次的報告是可行的方法之一。

⑸顧客容易收集你產品或是服務的購買證明嗎？不論是公司或是顧客，一定都要能追查購買記錄。越能方便顧客做到越好。

⑹你能負擔這樣的辦法嗎？獎勵、追查記錄、定期溝通，以及顧客的查詢，既需相當的時間又耗費成本。

⑺你的競爭對手提供頻率行銷辦法嗎？如果他們有而你沒有，你也許得認真考慮，想出一個對策。

3. 會員制行銷

將顧客組織成會員團體或是俱樂部，可以加強重覆採購、建立忠誠。看看 Staples，這家辦公室文具業的巨人。它在 50 人以下的公司間建立了牢不可破的忠誠度。Staples 以非會員的購買價格較高，來吸引購物者當場填寫會員申請表。會員免會費，購買快速消耗品類，會員享有至少 5%的折扣。顧客必須亮出會員卡，才能享受折扣。這表示 Staples 可以追查顧客的購買記錄，並察知那些產品是顧客最感興趣的。Staples 於是鎖定這些會員，用直接郵遞 DM 告知一些吸引人的、特別為他們量身設計的商品組合，使他們會不斷地回來採購。

採用會員制行銷的另一個成功例子是 MCI 電話公司。她們為經常打電話給親戚或是朋友的用戶，提供較低的費率，使得 MCI 贏得了較大的長途電話市場佔有率，1991 年 3 月，當推出「朋友和家人」項目時，市場佔有率由 1%跳升到 2%。

MCI 的策略很簡單但機巧。它要求想要參加折扣通話的顧客，圈選出家裏成員或是朋友的電話號碼，最多可有 20 個。某些月份的折扣高達 40%。這個案子後來證實非常受歡迎——因為它靠個人說服的力量，一個拉一個——在 12 個月內，MCI 增加了 500 萬的新用戶。

會員制行銷是傳奇的哈雷機車製造商大衛森成功的因素之一。哈

雷車主俱樂部(HOG)於 1983 年成立，以協助維繫顧客忠誠。哈雷買主會收到一張第一年的俱樂部會員卡，以後的年費只需 35 美元。對會員的服務包括雙月份的新聞期刊、機車租用、上路安全指導。HOG的聚會屬經常性，並為買主強化哈雷是正統美國機車的象徵。如今 HOG已有 140000 名成員。

　創造、提供價值感予顧客——如他們所認定的——是擁有顧客忠誠的秘密。誘導重覆購買者轉變成為忠誠的主顧時，沒有比價值感更顯得重要。聰明的商家會籌劃方案，像是客戶研究、企業政策、員工的訓練和激勵、行銷辦法，以為支援公司提供價值和建立忠誠顧客群的目標。

　顧客由重覆向一家公司購買的個人，到對該公司有了情感依附的忠實者，期間的轉變是經營顧客忠誠整個系統的關鍵。公司若不能理解以忠誠牽系的重要，將來必定會挫敗。

心得欄

4 忠誠顧客轉為品牌提倡者

當顧客擁護你的產品或是提供的服務時，你與顧客已經有了最親密和信任的關係。這是最有價值的，也是彼此所要追求的層面。此時，口碑的宣傳效果可以發揮到極致。

一、持續話題焦點

你有沒有這樣的經驗：不期而遇碰到一位好久沒聯絡的同事或是客戶，聊了一些事情之後，會脫口說出這樣的話：「我正好需要像你有這方面專才的人……」、「我的鄰居剛好在問有關……我都忘了你有這方面的服務。」

關鍵就在於常保持聯繫，以便在這些人的心目中建立一個簡單有效的系統，只要碰到一點相關的就會想到你。

1. 保持長期聯繫的藍圖

與可能提供你未來商機的顧客或是具有市場影響力的人保持聯繫，以形成一個網路，是成功企業不可或缺的，擁有一個穩健網路的秘訣就在於經常保持聯繫。

2. 簡單的短箋：一天五封

身邊習慣隨時戴著必要的文具。這是很重要的，因為你可以利用平日在等候的空檔時間，寫寫短箋和人聯絡感情。一天寫 5 封，一年 250 個工作日，就多出了超過 1200 個接觸的機會。

一天五個短箋，只是簡單花約兩分鐘問候一下，你就可以藉由這類商務性質的接觸和人建立起友誼。短短兩三句向某個人說「我很想念你！」之類的話，生日、週年慶、促銷活動都可以是理由，不一定要有非常特別的事件。簡單打個招呼，說個「近來好嗎？」的話，可以內藏許多玄機。寄上一篇你想對方可能會感興趣的文章，可能會有附帶的效果。

這個方法的要訣，就是手邊要有一份顧客名單和住址的最新數據。

3.打電話：一星期五通

一個禮拜最少打五通電話，電話儘量簡短。兩次簡短的電話勝過一通長談的電話。主動打電話聯繫，使你變成消息來源，建立起溝通的橋樑，漸漸形成網路。關於你手邊正在進行的事情，可以找機會打電話問問這些人的意見。威廉詹姆斯（William James）曾經說過:「人類最大的需要就是受到欣賞。」讓他們知道你看重他們的見解。

4.碰面：一個月五次

一個月找個五次碰面的機會，像是打電話邀請三個朋友一起吃午餐。選個時髦的午餐地點，將新顧客和往來已久的老客戶參雜在一起，像是一個社交活動。

這些數字自己會說話：

250 天×5 短箋/天＝聯絡 1250 人次

50 星期×5 通電話/星期＝聯絡 250 人次

12 個月×5 會面/月＝聯絡 60 人次

總聯絡次數——每年聯絡 1560 人次

這些數字對你的意義是：

⑴一年裏你可接觸 260 人達 6 次。

⑵一年裏你可接觸 390 人達 4 次。

⑶一年裏你可接觸 780 人達 2 次。

想想這 1560 次額外接觸對你業務的影響！

二、利用新聞簡訊

一種和顧客聯繫的有效方法，並藉此與顧客的顧客之間發展的情誼，就是發行新聞簡訊（Newsletter）。

新聞簡訊可以幫助建立一種類似「俱樂部」的特別感覺，給顧客一種歸屬感。

任何一個餐廳老闆都會告訴你經營餐廳的長久之道，不是要讓顧客上門，而是要他們能再度光臨。因此，新聞簡訊成為許多餐廳為了達到這個目的的秘密武器。

回顧 1981 年，位在密西西比州西花田市（West Bloom field）的刺克餐廳（The Lark），老闆傑米刺克（Jim Lark）正在尋找用什麼方法，能將每月晚餐的主菜讓顧客知道，新聞簡訊似乎成了合乎邏輯的選擇，因此傑米就很驕傲地推出了堪稱「美國第一份餐廳新聞簡訊月刊」。內容就像是寫給家人朋友的信，這樣的傳訊方式，的確讓那幾樣具特色的晚餐持續賣了十幾年。

新聞簡訊是傑米告知顧客訊息的一個主要方式，它也幫助刺克餐廳培養了忠實的顧客群，傑米說：「大約 85%的業務是來自重覆惠顧的客人。」

看看這份新聞簡訊：「我太太瑪莉和我剛由非洲狩獵回來。非洲的景致、野生動物，以及一同前往的朋友的情誼，都正如我們所期待的。出乎我們意料之外的是他們的烹調方式，不但表現了世界上最好

的野味，更是充分利用採集自附近週圍果樹園和葡萄園的果實。」

傑米的經驗如同橫跨多種產業的公司所發現的——一份提供讀者教育和信息的新聞簡訊可以協助公司：

1. 和顧客維持聯繫。

2. 培養長期的關係。

3. 提供產品信息。

4. 將公司塑造成業界的專家。

5. 醞釀未來的商機。

現在科技已經可以用視聽卡帶、電腦磁片、電子郵件來傳遞新聞簡訊裏的消息。但這些途徑都需要一些設備，印刷出來的新聞簡訊仍然是提供這類數據最多樣化的一種途經。

近來直接郵遞 DM 的大量增加，使得必須製作高品質、具專業素養的新聞簡訊，才可能脫穎而出，引起人們的注意。在生活與健康雜誌(Life & Health)撰寫財經專欄的格翰(John Graham)說：「出版一份具效用的新聞簡訊需要花費心血和時間。然而，當用它來鞏固和顧客之間的緊密關係時，這個投資是值得的。」格翰警告不要將新聞簡訊當做廣告宣傳的工具。這樣就不具可看性。利用新聞簡訊傳播一些有用的訊息，同時也塑造你的顧客具備某種特質，用以強化與公司之間的連系。

剌克的新聞簡訊隨著經驗的累積，也懂得運用一些技巧。若是有客人有五個月不曾惠顧，傑米會在下個月寄出的新聞簡訊上貼個金色的貼紙，貼紙上印著「我們想念你！」如果貼了幾次，客人依然沒有上門，就從名單上剔除。注意貼紙的涵意，它是提醒顧客不要被剔除。剌克的客人是視之為「可怕的貼紙」，因此很快又會造訪餐館，以便恢復正常的記錄。

假設你們是一家提供高解析度彩色印刷的印刷行,正考慮用新聞簡訊來促銷你的公司,那就得面對現實,做出好的品質才可能有效,要非常好。這就是英屬哥倫比亞漢拉各印刷公司(Hemlock Printers)的寫照,這是加拿大西部最大的紙張印刷行。

回想當初創辦 Inklings 的新聞簡訊季刊時,行銷經理麥克艾羅伊(Steve Mceiroy)說:「這不是一個草率的決定。我們很認真的決定推出這份刊物。如果一份新聞簡訊內容軟弱無力,毫無趣味,或盡是些後知後覺的見解,那就弊多於利。可能買主和顧客一樣,都不會忍受一份枯燥愚蠢的新聞簡訊。一份印刷公司的新聞簡訊一定得是公司作風的範例,由上級決定出版的方針,出版的結果必須是優等的,毫無製作上的妥協。」

麥克艾羅伊說:「Inklings 的主要目標之一,是讓現有客人訂購更多量的同時,也使可能買主印象深刻,最後成為我們的顧客。我們發展這份刊物的第一步就是確定目標:Inkings 的重點是放在讀者身上,他們的興趣、問題、目標和抱負。因此最後將透過價值的提供而達成銷售的目的,而不是做自我吹噓的傳聲筒。讀者將會因為其優越性而認出是 Inklings,當和競爭者的信息一起蜂擁而至的時候,他們會喜歡 Inklings 的題材和犀利的編輯內容、它生動的繕寫、活潑的圖案、創新的點子、和優異的印刷品質。」

麥克艾羅伊和他的職員於是會收集很多樣本參考,以及找寫作及設計專家幫忙。很少有公司會對一份新聞簡訊品質的要求會像彩色印刷專家一樣挑剔,但最起碼,出版的東西應該是對讀者真正有價值的,否則很快就被丟進檔案櫃。

三、贏得口碑的四種策略

1. 製造一些值得口耳相傳的東西

藍調/鄉村歌曲的音樂家邦尼瑞特(Bonnie Raitt)1992 年有一首暢銷排行榜的歌「提供一些談論的題材(Let's Give Them Something to Talk About)」，敘述好消息傳得也很快。這樣的道理，是為顧客創造一些與朋友談論話題的要件。

阿可曼(William Ackerman)是從最基礎學習起。在 70 年代晚期，阿可曼還是個木匠兼承包商，經營風槌山丘公司。有一次，阿可曼承包在三藩市地區，走民謠曲風的兩家唱片公司建蓋倉庫，在他敲敲打打之間，銳利的眼睛看著唱片公司日常運作的情形，也發問過許多問題。休息時間，就和朋友在貨車後廂彈著吉他。

空檔的時候，阿可曼會到史丹佛大學的校園裏彈吉他。雖然只差幾個學分就可以畢業，他還是退了學，但仍然受邀去表演，人們總是要求將他的音樂錄成卡帶。生平第一張專輯是向大約 60 個人，每人募集 5 美元，再向他的朋友、後來成為合夥人羅賓森(Anne Robinson)貸款一小筆錢，錄製了一張吉他獨奏專輯。

「我的野心只期望賣掉 300 張就好了。這是唱片壓印工廠要求的基本數量。」阿可曼說：「我幻想著在未來我屋子的櫥櫃裏，至少再裝個 100 張自己的唱片。」

賣了大約 60 張給親朋好友，再將多出來的給幾個 FM 廣播電台。聽眾開始打電話到電台查問有關他的音樂，很快的，一些唱片行來找他，訂單慢慢就跟著進來。

現在，該公司一年唱片的批發量達 3000 萬美元。阿可曼和羅賓

森將成功歸因於早年口碑奠下的基礎，羅賓森解釋：「我們發現許多人變成像是我們音樂的福音傳播者。很多人寫信來告訴我們，他們到朋友家吃晚餐，聽到了我們的音樂，然後覺得也要有一張，因為似乎總是餘音繚繞。於是也去買一張，放給朋友聽。」

1976 年，偶然的機會讓風槌山丘邁入身歷聲響的世界。在一次為工程師舉辦的會議上，阿克曼的工程師隔壁剛好坐著美洲首席工程師芮科爾。在那時，很少人懂這些，後來阿可曼的公司採納芮科爾的建議，改良產品的質料、壓印技術、包裝及封面設計。

「簡單的說，就是品質衍生出品質。」阿可曼堅持：「雖然在社會上做任何事，都得先在經濟上站得住腳。但是，有太多人熱切地盼望能在市場上看到品質被培植，所以如果你遵循這樣的信念，人們自然投向你。」

在解釋公司對顧客的滿意度有強烈的使命感時，阿可曼說：「你做生意不能只是在賣唱片。你做生意是因為有人把唱片帶回家，然後對唱片感到非常的滿足快樂。我當初在蓋房子的時候也是這樣。是當你走出房子時的最後一次握手，才算是賣成房子，而不是當你簽合約時。應該讓他們對自己已經買了的東西感到高興。長久以來，這使得我們的顧客忠誠，也是我們成功不可或缺的因素。」

指路輪胎的董事長史坦柏格認為顧客服務的整個目的非常簡單：能不斷地讓顧客回來惠顧，並使滿意的顧客將愉快的經驗告訴他人。在指路輪胎公司裏進行的每一件事情，確確實實都是為著這樣的目標。換些新輪胎一個小時內可以弄好嗎？指路輪胎會事先幫你安排個你認為方便的任何時間。修理期間需要交通工具嗎？指路輪胎會提供七部專用車裏的一部給你使用，並且就在回家的路上可以接駁到換好輪胎的車子。換好的新輪胎在行駛了 30000 里後破掉了，或是為了

某個理由，你就是感到不滿意怎麼辦？指路輪胎對輪胎或是任何廠裏所做的服務工作，都有保證——永久的。

史坦柏格是怎麼知道這些服務的重要性，並覺得值得投資？想想看他那提供修車期間供顧客使用的車隊，史坦柏格說：「三年前，在我還未有這些專用車時，平均一個月服務業務的營業額是 50000 美元～55000 美元。現在一個月平均 120000 美元，而且服務業務的毛利比輪胎高。客人會打電話來說：『我知道在我修車時，你們可以提供免費使用的車子。』我們答說：『是的，沒錯！』然後就立刻預約一個時間。很多人甚至都不問一下價錢，就打算再添幾部車子。」

一個典型的例子說明了指路輪胎為什麼會讓顧客滿意、忠誠。有位客人的車子正在做前輪定位調整，他事前有打電話來，確定不會耽誤到他上班的時間，但是負責接送這位客人的車子突然熄火，客人漸漸感到焦躁。史坦柏格靈機一動：「我打電話叫了一部計程車，五分鐘內車子開到，載那傢伙到辦公室。計程車費花了我 17 美元，但你可以想像他會把這件事情告訴多少人。這是我花過最值得的 17 塊錢。」

就是這樣的理念，使得史坦柏格即使增加投資，也一直保有高利潤。他衡量投資的報酬率，是看他們如何有效地將只來過一次的客人變成經常惠顧的忠誠顧客。指路輪胎的營業收入繼續呈穩定成長，就如同自 1974 年成立以來的每一年一樣。即使是在景氣蕭條，同行業務普遍低迷的時候，也不例外。只是因為他贏得了顧客，讓顧客將他們在指路輪胎裏的愉快經驗告訴其他人。

2. 不斷謀求製造口碑素材的新途徑

一個開立支票的電腦軟體稱「快肯」，已經成為市場上最成功的個人財務軟體，享有市場佔有率 60%。該產業出版刊物軟體信函（Soft letter)的編輯塔特(Jeffrey Tarter)說：「它的品牌名稱已經成為該類產品的通俗稱謂。就像影印機業的全錄 Xerox，紙巾業的可麗舒 Kleenex。

(註：Xerox 已成為普通辭語，即是影印、複印之意。Kleenex 也漸成為紙巾的代稱。)」這家公司的年營業額超過 3300 萬美元，一年賣出將近 100 萬套。

快肯電腦軟體在美國各地的 Target、Wal-Mart、其他零售店，以及銷售電腦的連鎖店販賣。公司的銷售人員有多少？實際上才兩個人。

快肯的製造商直觀公司(Intuit)的總裁庫克(Scott Cook)有不同的觀點：「事實上，我們有成千上百名業務員。他們就是我們的顧客。」庫克稱他們的顧客叫「使徒」，而公司的使命就是「讓顧客對產品的感覺很好，以致會去告訴另外五個朋友來購買。」

但是事情並不是一直都這麼順利。1985 年的 5 月 1 日是他生命中最黯淡的日子。他的直觀公司成立不到兩年，但必須告訴他的七名員工，因為無法付給他們薪水，所以得請他們離職。

庫克的旗艦級產品——一個供個人電腦使用的簡單支票開立軟體——有很大的潛力。他所缺的是資金。家人的借款、妻子的儲蓄、房子抵押貸款等籌足了 350000 美元成立公司，幾次嘗試吸引人投資都沒有成功，當時籌借的資金也差不多用完了。

1986 年的夏天，這家小公司只有 125000 美元，主要是產品賣到銀行的收入。如果想要趕上最重要的耶誕節銷售旺季，他得孤注一擲推出廣告宣傳。他自己撰寫廣告辭，並且將所有 125000 美元花在這個廣告上，結果奏效了。庫克破釜沉舟的廣告宣傳，加上毫無妥協的產品品質，使得努力有了收穫。

以潛在的大眾市場為訴求重點，為贏得口碑，快肯產品一定要是速度快、便宜、不麻煩的。更重要的是，使用簡單——簡單到任何一個初次使用的人都可以坐在電腦前，就開始寫支票。直觀公司也一直朝著這個目標做改進。像他們有一個「跟我回家(Follow-Me-Home)」的項目，就是徵求到店裏買快肯軟體客人的同意，允許公司的業務代表觀察他們第一次使用的情形。有了這樣不斷的回饋，公司就可以知道如何讓第一次使用產品的人感到更容易些。總工程師雷菲爾說「人們如果不使用產品，他們也就不會叫朋友去使用。」

3. 把產品交到有影響力人的手上

傳統上會認為，為了要形成一群「意見領袖」，能熱忱地將新產品的消息散播開來，製造商應先將產品贈送出去。

成立於加州紅木城的門徑軟體公司(Approach oftware)卻不是這樣。他們發現了一個方法，從意見領袖身上做成第一筆生意，然後在產品推出的 6 個月內，有 3 倍的顧客前來惠顧是因為聽了朋友或是同事的建議。這家公司是怎麼做到的？提供優惠的新上市價格，並保證 90 天內不滿意退錢。供應的對象是經仔細挑選，具有影響力的使用者。這些人被要求試用公司的第一批新產品——為沒有技術背景的人所設計的數據庫軟體程序。

門徑公司以 149 美元的價格限時供應 ApproaCh1.0 視窗版，加上免費的技術支援。很快地，這個創新的軟體就流到許多小型公司老闆以及其他被鎖定的顧客手上。以該軟體吸引人的特色——不到半小時的學習時間，以及可與其他數據庫軟體相容無礙，這樣的價格很難抗拒，市面上相競爭的產品得花費 799 美元。

4. 將具影響力的核心人物轉變成全職的品牌提倡者

在傳統的南方，對口碑宣傳效果的獨特運用，證明了這種有威信

的推薦形式是多麼有效！

　　15 年前，史汀決定擴張他在密西西比州綠莊（Greenville）的百貨公司，這是他祖父於 1908 年創建的。在一次設計家級服飾清倉拍賣期間，很幸運有幾位綠莊富裕人家的太太自願幫忙。接受華爾街日報訪問時，史汀說：「她們對這些高級商品都有很深入的瞭解，因為她們已經穿了好幾年。」經驗告訴史汀，這樣的點子值得再試試看。當史汀開了第二家店的時候，這次是在孟菲斯（Memphis），他在店裏成立一個設計家級的流行服飾專櫃，他和他太太邀請社會名流來經營。

　　現在，能成為史汀商場的「流行仕女（boutique lady）」，似乎已是身份階級的象徵。等候排隊想在史汀 51 家店裏求得這樣工作的凱普，是一位國際行銷主管的太太。她說：「一聽說他們有缺，我就趕緊去登記。我所認識的人都這麼做了，他們總是認為這會是多麼有趣！當你看到一位女士做這樣的工作——一位醫生的太太，在河畔擁有幾幢別墅哦！那就像在交際一樣。」

　　史汀說：「流行仕女是我們的秘密武器。」這些婦女一個禮拜工作一天，時薪 7 美金，不需要負責櫃台收賬，她們的工作只需對設計家級的商品「散播口碑」。例如當一批 39 美元設計家級絲質服飾分別送到傑克森鎮（Jacksonville）的店，流行仕女艾本妮，公司經營合夥人的夫人，打幾通電話給 Wolfson 兒童醫院董事會同僚，請她們過來。這些朋友一天內就在艾本妮的專櫃購買了 2000 美元的商品。

　　對許多流行仕女而言，到了一個年紀的婦女可以不需要一份履歷表而加入工作的行列，是很值得慶倖。許多人將這份工作比做義工，凱普說：「你是在幫助別人。所得的報酬就像分紅。拿到一份屬於自己的所得會很高興。」她還補充說員工享有 25%的折扣，這比她領到

40美元薪資的意義還要重大。「不管是什麼人，或是身上有多少錢，每個人都喜歡折扣。」

相對的，史汀商場所獲得的報償是一群亮麗的、忠誠擁護的銷售員。紐奧爾良的喬伊將她這份流行仕女的工作排進滿滿的時間表——打高爾夫球、女獅子會，以及和四個孫子的相聚。她會帶著她得獎花園裏的花來佈置她的專欄櫃。

四、創造口碑

一旦培養了一位忠誠的顧客，你就有機會將他乘上一、二、三、五或是更大的係數。你銷售的任一對象，都向以乘上他（或是她）所認識的人的數目，這些人都會是你產品的潛在購買者，這得全靠你顧客口中的評價。讓我們來看看可以發揮談話素材的工具。

1. 背書人

一個品牌提倡者，或說是一個背書人，是某個人站出來支持你的主張。這完全是無我的行為嗎？也不盡然是。對品牌提倡者而言，你是業界最好的，他自私的動機是希望你在這行業裏繼續維持，如此，也就可以繼續和你做生意。再者，你為新客戶服務，讓他們感到滿意，背書人臉上也有光彩。所以下次你有求於背書人引薦時，想一想你產品的品牌提倡者也不完全是沒有私欲的，品牌提倡者也是有所收穫。

2. 顧客檔案

一種無價的銷售輔助工具，即是感到滿意的顧客檔案。每個星期敍述一個滿意顧客的故事，把故事寫下來，包括顧客的姓名、住址和電話號碼。事前徵求他們的同意，可將他們的名字公開，供人諮詢。當你正試著要贏得一個很難纏的可能買主時，翻翻你的檔案，找出和

這名可能買主情況類似的成功案例，並請他直接與案例中的主角聯絡。

位於新罕布什爾州 Data I/O 公司的銷售工程師葛琳發現，參考諮詢的銷售法對難以克服的障礙非常有效。她的經驗是請可能的買主向她的忠實主顧詢問諮商，才克服了其對公司所定價格的抗拒。雖然她的公司居市場領導地位，但「對於那些使用過競爭對手產品的新顧客，我們的價位經常是難以突破的障礙點。」她說。

有一次的情形是她賣一個定價 15000 美元的產品，相較於同行競爭者的類似產品只賣 2000 美元。葛琳記得那個可能買主打電話來質問說：「為什麼我要付 15000 美元的價錢。若是買競爭者的產品，可以買到七個，還有得錢找。」

葛琳請他打電話給她現在的客戶，徵詢他們的意見。這些客戶過去也曾用過那個競爭者的產品，但後來都回過頭來找她。

「當時，我不認為我可以在這麼大價差的情況下做成交易。但是，我現有的客戶又一次幫了我。」

葛琳的經驗教我們要與現有的顧客群培養良好信任的關係。同時她也發現她的顧客樂於幫助她，「如果你和你的公司贏得顧客的忠誠，會在許多方面得到報償。」

3. 見證信函

另一個方法即是使用見證信函。這樣的信函可有多方面的用途，它可以是提供給可能買主所用行銷素材的一部份，舉例或是節錄信函內容都可做為宣傳手冊之用。

請你的客戶用他們印有公司名稱和住址的信紙寫一封信，敍述你的產品是如何幫了他們的忙。鼓勵客戶記下他們從你這兒獲得好處的具體事實，盡可能詳細記載。這樣的信函應盡量向客戶索取，具潛力

的顧客樂於見到他們同行企業或是同一地方上人的證言。

通常客戶會樂意寫這樣的信件，但會尋求協助，應該說些什麼。你可以拿其他人寫的供他參考，問他從使用你的產品或是服務獲益最大的是什麼。從他組合式的描述，你可以提示他真正想表達的。

⑴使用你的產品有多久了？

⑵比起他所使用其他商家的產品，覺得你的產品如何？

⑶採買項目的範圍是什麼？

⑷產生了什麼樣的具體效果？

記住比較產品使用前和使用後的差別。具體特定成果的陳述，對建立可信度非常有利。

也許你提供的產品或是服務，效果不是那麼容易量化，那就對結果的描述愈明確愈好。例如協助州政府的一個單位研擬項目，他們寫著：「不只是對明年的行銷計劃有著許多令人折服的好點子。深謀遠慮的結果，我們原先的兩隊人馬組成一個團隊之後，工作成效益見彰顯。你使一個大團隊合作共事，並提振他們士氣的能力，以及主張討論會一定要是生動有趣味的堅持，造就了這個案子的成功。」

為顧客著想，信件繕寫的過程儘量越簡單越好。

4. 預先醞釀的信函

請一些對你感到滿意的客戶，幫你寫一封醞釀的信函給五到四十個有往來的人。請客戶要提到你的商號、住址、電話號碼，再用他們印有公司名稱地址的信紙信封寄出。你自己準備做郵遞工作，包括郵資。大約一個禮拜之後，開始打電話追蹤。當然，這封醞釀的信只是暖身的動作。一封成功的醞釀信函應完成下列的目標：

⑴解釋關於你實踐了顧客需求。

⑵描述他是怎麼找上你的。

⑶提綱挈領陳述你幫顧客完成的工作。

⑷推薦你的公司和你的產品。

或許利用背書銷售最簡單的方式，就是請你的顧客向朋友推薦，然後緊接著追蹤聯絡。向顧客詢問可能的買主，並做引薦，應該是平日互動中很自然的一部份。

對你感到滿意的顧客，多半可以從中受惠，不要不好意思，儘管問。

請顧客引薦的問法是否正確，是十分重要的。

錯誤：你有沒有認識的人想知道我的產品？

理由：基於否定的立場，引導客戶說不。

錯誤：你有認識誰可能會需要我的產品嗎？

理由：讓顧客有說「不」的機會。

正確：你有認識誰或許會想要知道我的產品？

理由：採取比較正面、主動的口吻，暗示「我能夠解決問題」。

一旦得知一個名字，再繼續問：「你還知道有誰？」一再重覆這樣的程序，直到顧客說出了所有知道的可能買主名單。尊重顧客是否願意將姓名曝光的意願，記得問一句：「當我和他們接觸時，可以引述你的名字嗎？」

5. 獎勵推薦親友

利用口碑和引薦最有效但常被忽略的方法之一，就是推薦親友的促銷活動，獎勵顧客以換取可能買主的名單。英第潤滑油公司(Indy Lube)的辦法是，填寫一張推薦卡，顧客可獲 10 美元的抵價券。受推薦的顧客也可在第一次消費時享有 5 美元折扣的優待。利用這個方法，在 Indianapolis 地區的分店一個月內有 35 位新顧客上門。英第公司為旗下的十五個分店舉辦競賽，總裁薩普(Jim Sapp)樂觀估

計，每家分店一個月應可達到 50 位新顧客。

　　有一點要注意的是，推薦親友的促銷辦法是利用推薦卡。據經驗顯示，如果顧客可以不具名的話，他會願意提供相當多的名單。但若是顧客原意讓廠商告知受推薦新友其資料來源的話，這些親友回應的可能性較高。因此，應讓顧客有個選擇，看他是否願意被引述為資料的出處。

　　回應率也會隨著顧客提供人數的增加而減退，所以一個顧客推薦三個親友，比另一個推薦六個親友的，所得的回應率高。另外，經驗也告訴我們，顧客列名單時是根據對方感興趣的可能性。因此應該按照名單上的順序，與這些可能買主聯絡。

　　透過顧客取得名單的公司也發現，由此管道取得的資料，比公司用錢買來或是租來的名單接觸後的回應率較高，而且事後做成買賣的機率也較大。記得每次都得說謝謝任何人在推薦可能買主時的任何一個行動，都值得你向他道謝。規則很簡單：寫一封感謝函，而且必須立刻表示感謝，不管引薦後是否真的成為你的買主，都應該和提供信息的人打聲招呼。一個房地產經紀人的感謝函可以是這樣：「謝謝你建議保羅和布蘭打電話給我，詢問有關他們房地產的事情。我們在星期二見了面，雙方談得很愉快。這對夫妻提到你是多麼熱心地把我介紹給他們，我很感激你對我能力的肯定。」恰當地表達出對引薦人的感謝之意是最重要的。

第 十 章

強化客戶滿意度

1 建立企業和客戶間的聯繫

一、建立企業和客戶的互動聯繫

公司要透過互動、對話的形式來建立對客戶的瞭解，知道什麼時候為客戶提供什麼，怎樣達到企業與客戶的坦誠溝通等等。相關資料積累得越多，掌握的客戶信息的準確度就越高，就越能提高客戶的滿意度，連帶地能夠降低風險，提高利潤。

在客戶的心中，互動代表著：

· 與公司接觸的難易程度如何？

· 自己是否為公司所認識及重視？

· 公司的形象定們及社會責任感如何？

· 公司的商譽和整體能力如何？

　　從品牌營銷的角度來說。互動代表著一種聽與說的能力，具備了聽與說的能力才能將客戶的回應做出及時的調整和反應。客戶因此可以得到更為細緻和個性化的服務。

　　企業應為客戶反饋提供多種管道，加強企業與客戶的持續的雙向溝通。準確的客戶資料能為建立企業與客戶的互動關係的策略提供決策基礎，而互動的關係又能進一步充實數據庫的資料。企業能處理好兩者的關係，便能從中獲得極大的好處。

　　「新力與您同行」是新力公司建立的與客戶進行交流的主題活動，至今這一全新的以客戶座談會形式進行的交流活動，已在 20 多個主要城市開展。該活動以新力公司走到客戶身邊，主動地、面對面地與客戶交流的形式表達了其主動傾聽消費者心聲，與消費者建立互動的新型關係的真誠願望。

　　「新力與您同行」客戶座談會邀請的對象包括：當地購買或維修過新力產品的客戶、透過互動中心(CCC)諮詢過新力產品的客戶、新力網站的會員以及在網上購買過新力產品的客戶，同時還邀請當地消費者協會的負責人到場參與並做一些政策性諮詢。舉辦這種客戶座談會，客戶可以暢所欲言地、自由地發表對新力產品在使用、設計、諮詢及維修服務等方面的看法，並提出建設性的建議。新力公司認為，深入到社區和客戶身邊，通過與客戶進行親密的溝通和互動，感受消費者真正的需求，為外資公司本土化發展提出了一種很好的思路。通過建立與最終客戶定期交流的機制，將促進公司各項工作不斷得到改善。

　　企業與客戶的互動關係應遵循以下原則：

1. 持續地贏得客戶

過度信息負荷的客戶有一層幾乎密閉的過濾網，這只有借助於客

戶管理才能打得開，因此企業必須持續地贏得客戶。但必須專注於一個目標群。

2.聯繫的線不可斷

許多聯繫因為維繫得不夠到位而喪失。如果與客戶的接觸不夠充分，企業就可能失去一些帶來盈利的銷售機會。

3.計劃共同的體驗

提供旅遊機會給客戶不是新的創意，但仍然頗受歡迎，而且費用容易回收。因為只有特定的客戶才能得到參加特別旅行的邀請，而且企業在達到對他們的銷售目標後，又可賺回旅行費用。

4.舉辦活動

在結合體驗的非交易市場下接觸，可以讓企業的目標客戶放鬆他們的矜持。一個可攜帶配偶出席的晚會將促成買賣雙方的私人情誼；一個自辦的展覽可將自己的產品特色在不受競爭者的干擾下做最佳的展現；一個受歡迎的專家所主持研討會也可創造經驗交換的機會及新的接觸。

5.給予一些小恩惠

專家指出，人們在獲得好處之後帶來持續性購買的不是價格的吸引力，而是給予無直接報價的附加好處的藝術。

6.以信息吸引

通過公司期刊報導有關市場趨勢並詳細介紹信息新產品。用錄音帶以聲音和影像介紹艱難的新知識，一封負責人的信將使以上各項更為完美。

7.保持積極

一些小的疏忽會導致銷售努力可能在到達目標的五分鐘前功敗垂成，因此企業的營銷人員要有鍥而不捨的熱情和標準化的操作流

程。

8. 不斷學習

這是一個持續的學習過程，在這一過程中營銷者要不斷地取得客戶知識、適應客戶的需要、客戶向營銷商回饋信息、營銷商與客戶和進行行互動。

二、建立夥伴關係的重要性

通過目標、組織、流程的再造，建立以客戶為中心的商業模式，為客戶管理營銷系統建立了堅實的基礎。

滿足客戶的需求已成為企業成功的關鍵，幫助你的客戶，與客戶建立夥伴關係。基於這種戰略夥伴關係，企業幫助客戶發掘市場潛在機會，然後與客戶共同策劃、把握潛在機會，以此來提高客戶的競爭實力，這對雙方都是十分有利的。

寶潔的成功得益於其「助銷」理念指導下的管道運作綜合管理體系。寶潔公司提出的「經銷商即辦事處」的口號，就是寶潔公司助銷理念通俗化、形象化的解釋。全面「支持、管理、指導並掌控經銷商」是寶潔(P&G)公司「助銷」理念的核心。

寶潔每開發一個新的市場，原則上只物色一家經銷商（大都市一般 2～3 家），並派駐一名廠方代表。

廠方代表的辦公場所一般設在經銷商的營業處，他肩負著全面開發、管理區域市場的重任，其核心職能是管理經銷商及經銷商下屬的銷售隊伍。

寶潔要求經銷商組建寶潔產品專營小組，由廠方代表負責文化的日常管理。專營小組一般由十多個人組成，具體又可分為「大中型零

售店」、「批發市場」、「深度分銷」三個銷售小組。每個銷售人員在給定的目標區域和目標客戶範圍內運用「路線訪銷法」開展訂貨、收款、陳列、POP 張貼等系列銷售活動。

為了提高專營小組的工作效率，一方面寶潔公司不定期派專業銷售培訓師前來培訓，具體內容涉及公司理念、產品特點及談判技巧等各個方面，進行寶潔「洗腦式」培訓；另一方面，廠方代表必須協同專營小組成員拜訪客戶，不斷進行實地指導與培訓。同時，為了確保廠方代表對專營小組成員的全面控制管理，專營小組成員的薪資、資金、甚至差旅費和電話費等全部由寶潔提供。廠方代表依據銷售人員業績，以及協同拜訪和市場抽查結果，確定小組成員的獎金額度。寶潔還要求經銷商配備專職文員以及專職倉庫人員，薪資、獎金亦由寶潔承擔。

為了改善「賣場陳列」，一方面寶潔公司要求小組成員通過良好的「客情關係」來免費爭取到最佳、最多的陳列位；另一方面，寶潔公司有「專項陳列費」、「買位費」及「進場費」提供給各大賣場，由此確保寶潔產品在大賣場能獲得最佳的陳列效果。

在經銷商專營小組管理和「大賣場」陳列費用支持的背後，是寶潔公司各管理部門之間嚴謹的分工合作。寶潔公司八個核心管理部門中有銷售部、市場部、市場研究部、人力資源部等四個部門與經銷商終端網路密切相關。特別是市場部，它是寶潔公司營銷的靈魂。各種管道推廣方案的制定和陳列費、促銷費的分配均由市場部負責。簡單說，由市場部制定各項市場政策，廠方代表通過全面控制經銷商下屬寶潔產品專營隊伍來高效執行各種銷售方案，實現最大的網路覆蓋、最佳的銷售陳列，這就是寶潔的助銷模式。

許多著名公司如聯合利華、強生、金佰利、高露潔、雀巢等，都

在運用助銷理念開發管理終端市場，並且都獲得了巨大的成功。

三、與客戶建立夥伴關係的方法

與客戶建立合作夥伴關係是客戶關聯管理的關鍵，更是客戶管理的終極形式（如下圖）。夥伴關係不僅僅指公司與公司之間的良好合作關係，還包括公司與客戶之間的長期合作關係。

圖 10-1　客戶發展的過程

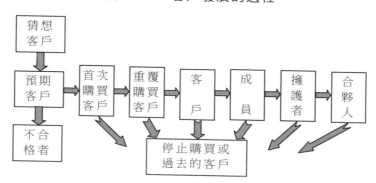

公司可以通過與客戶的緊密合作、良好的信息交流來共同受益，建立和保持這種夥伴關係需要合理安排各項管理活動。主要有：

1. 分析客戶的業務活動，發現建立夥伴關係的途徑

客戶往往十分願意與公司建立良好關係，一方面他們能夠得到高質量的服務；另一方面他們本人可以從這種長期、穩固的合作關係中，得到一般客戶所無法享受到的優惠。因此，企業應認真分析一下目前的經營狀況和競爭能力，從企業現有的客戶名單中尋找建立關係的機會。

分析要點如下：

· 客戶能從企業提供的高品質服務中受益嗎？
· 客戶的購買模式是什麼？
· 公司經營的產品或服務能否滿足客戶的要求？
· 企業的服務是否有助於客戶長期計劃的實施？
· 客戶在開發新的技術方面是否需要企業的支援和幫助？
· 企業招募的員工是否有積極進取、對客戶持有強烈的責任心？
企業是否對員工進行了專門的建立客戶忠誠培訓？

2.增加財務利益是建立夥伴關係的有力工具

　　頻繁營銷計劃和俱樂部營銷計劃是企業可以用來增加財務利益的兩種方法。頻繁營銷計劃就是向經常購買或大量購買的客戶提供獎勵，頻繁營銷計劃體現出一個事實：20%的公司客戶佔據了 80%的公司業務。

　　南方航空公司是實行頻繁營銷計劃的公司之一，它決定對它的客戶提供免費里程信用服務。一些旅行社的票務部也採用了這種計劃，常訂票的客戶在積累了一定的分數後，就可以享用訂票免手續費或免費旅遊。信用卡公司開始根據信用卡的使用水準推出積分制。量販店公司為它的會員卡持卡人在購買某些商品時提供折扣。今天，大多數的連鎖超市提供「價格俱樂部卡」，向它們的成員客戶提供折扣。

　　一般來說，最先推出頻繁營銷計劃的公司通常獲利最多，尤其是當其競爭者反應較為遲鈍時。在競爭者做出反應後，頻繁營銷計劃就變為所有實施這種策略的公司的一個財務負擔。

　　許多公司為了與客戶保持更緊密的聯繫而實施了俱樂部營銷計劃。俱樂部成員可以因其購買行為而自動成為該公司的會員，如飛機乘客或食客俱樂部；也可以通過購買一定數量的商品，或者付一定的會費成為會員。

　　摩托羅拉的客戶關懷在消費者方面就一直有著相當不錯的口碑，作為摩托羅拉的一位普普通通的客戶，我對摩托羅拉的客戶關懷就有著深刻的體會。摩托羅拉在它的網站上很早就開設了「摩托羅拉俱樂部」只要是摩托羅拉的用戶都可以隨時加入。一旦加入，不僅意味著在售後服務和購買配件時可以得到更週到的服務和更優惠的價格，而且還是享受優質的客戶關懷的開始，陸續的各種活動和抽獎常常會令你有意外的驚喜。年終贈送的禮品和雜誌會使消費者時時感到摩托羅拉的細心，雖然這些禮品都並不昂貴，可是足以體現企業對於客戶的重視和週到。不僅如此，俱樂部的會員卡還可以作為購物、吃飯、消費的折扣卡，讓每個客戶享受到最真摯的服務，以小小的投入卻贏得了消費者普遍的讚揚聲，把工作做到了客戶的心上。

　　另外，開放式的俱樂部在建立數據庫或者從競爭者那裏迅速爭搶客戶是有好處的，但限制式的會員資格俱樂部在長期的忠誠方面更強有力。費用和會員資格條件阻止了那些對公司產品只是暫時關心的人的加入。限制式客戶俱樂部吸引並保留了那些對最大的一部份生意負責任的客戶。

3. 改善公司與客戶之間以及與其他公司之間的夥伴關係

　　通過一系列公關活動，改善公司與客戶之間以及與其他公司之間的夥伴關係。公司員工通過瞭解客戶的需求和愛好，將公司的服務個別化、私人化，從而增加與客戶的社交利益。

　　立和集團公司就非常重視與客戶的關係，他們除了專門設立對外聯絡部外，每個中秋節都邀請與公司常有業務往往來、家又在外地的客戶舉行聯歡。聯歡中不僅為客戶準備了豐盛的水果、晚餐和各種口味的月餅，而且還舉行各種有意義的小活動，在共同的遊戲中拉近了

彼此的關係。

2002 年中秋節之夜，立和集團又特地為到場的客戶開設了五部專線電話，讓他們能在這舉家團圓的夜晚聽到家人的聲音。這些平日裏四處奔波忙碌的採購員們，此時更加體會到了集團給予他們的這種濃濃情誼。無形間，他們把集團公司當成了自己的又一個家，當成自己是最知心的朋友，為此常常想著為這個朋友做些力所能及的事。例如在常年購買他們的產品之餘，幫他們收集信息，提出各種建議等。這個集團很快建立了良好的商譽，許多客商紛紛慕名而來。

下表對客戶態度的社會敏感方法與不敏感方法作了對比分析。從本質上說，明智的公司把它們的顧客變成了客戶。

表 10-1　影響買賣雙方關係的社會行動

良好	不佳
主動打電話	僅限於回電
做出介紹	做出辯解
坦陳直言	敷衍幾句
使用電話	使用信函
力求理解	等待誤會澄清
提出服務建議	等待服務請示
使用「我們」等解決問題的辭彙	使用「我們負有」等法律辭彙
發現問題	只是被動地對問題做出反應
使用行話或短語	裝腔作勢
討論「我們共同的未來」	只談過去的好時光
常規反應	救急和緊急反應
承擔責任	迴避責難
規劃未來	重覆過去

對於某個機構來說，顧客可以說是沒有名字的；而客戶則不能沒有名字。顧客是作為某個群體的一部份獲得服務的；而客戶則是以個體為基礎的。顧客可以是公司的任何人為其服務；而客戶則是指定由專人服務的。一些公司採取步驟，把它們的客戶集中在一起讓他們互相滿足和享受樂趣。

4. 改變「銷售額至上」的觀念將有利於保持夥伴關係

目前一些企業與客戶矛盾的焦點在於銷售指標的制定上，生產廠家每年在制定客戶銷售指標時，多憑企業負責人的主觀臆斷，把銷售指標逐年往上抬，今年完成 800 萬明年就寫成 1000 萬，這種沒有根據的指標是相當危險的。

廠方不對市場的實際銷量進行認真、客觀科學地分析誰，也不對代理商的庫存數量是否合理進行考慮，一味地要求代理商付款進貨，完成所謂的銷售指標，並以年終獎金來刺激代理商的積極性。其弊端是銷售量短期是增加了，但銷售的質量卻降低了。庫存商品一旦達到一定的數量時，代理商處於資金和風險上的壓力，就會對銷售好的週邊地區進行竄貨銷售，同時把銷售價格一降再降，甚至會把年終獎金都全部讓出進行低價傾銷。造成代理商投入大量的資金和付出了勞動，卻沒有得到合理的利潤回報，最終導致代理商不願再進行合作，市場佔有率逐年下滑。

5. 認真履行對客戶所做的承諾

事實上，缺乏誠信，對客戶需求和承諾的「忽視和遺漏」，已成為客戶中斷關係的第一因素。對於客戶的訂單，承諾一個實際交付日期，然後認真、準時執行，這是非常必要的。在承諾之前，必須考慮到所有需要考慮的事項和限制條件，如果對客戶做出了承諾，就一定要想法兌現。

6. 為客戶提供優異的服務

例如，設立電話呼叫中心，記錄發生的每一個售後服務的問題，並有專人跟蹤直至解決；建立知識庫體系，並將出現過的典型問題和解決方法記錄在內，做到知識共用，以便類似的問題出現時，可以使維修服務人員快速找到解決方法。

7. 增加結構性聯繫利益

近年來許多公司都有過痛苦的學習經歷，客戶經常改變他們的想法，而使產品的品種急劇增加，產品的設計和生產成本不斷增加，而產品的利潤空間又不斷減少。與客戶保持夥伴的關係，讓他們參與到產品的設計中，可以使設計的產品更加符合客戶的需求；與客戶共用有價值的信息，使客戶對你充滿信任和忠誠；與客戶結成戰略聯盟，使得你們具有共同的經濟利益，共同應對市場的挑戰。例如寶潔(P&G)公司為了加強與沃爾瑪(WalMart)的協作與信息溝通，建立了複雜的EDI系統連接，使得寶潔公司能隨時掌握沃爾瑪的庫存狀況、銷售動態、需求數量等信息，從而使寶潔公司能很好地與沃爾瑪協作，及時補充貨物數量，同時也就更加及時地將產品供給最終客戶。

某包裝食品廠與一家連鎖超市合作進行了一次店內調查。調查的內容是：在品種繁多、分類擺放的冷凍食品中，顧客是如何最先注意到某類商品並進行選購的。調查歷時兩個多月，通過觀察，該商店徹底改變了冷凍食品在冰櫃中的陳列方式。其中之一是在各連鎖店拆掉妨礙顧客選購的玻璃門，這一改變使這些高利潤商品的銷售大幅度增加。這一切都源泉於廠家而非商店的主動精神，這種改善帶來了更多新的「改善」和提升能力的契機。

此後，針對特定的消費群特徵，這家包裝食品企業不斷為連鎖網路中的各個商場推出定制式的促銷方案。現在，雙方已經有了一個業

務促進活動的年度合作日程安排，大家都能看到並分享合作帶來的利益。

四、RAD 營銷

「一對一」營銷是營銷方式的一種革命。其核心是以「客戶佔有率」為中心，通過與每個客戶的互動對話，與客戶建立持久、長遠的「雙贏」關係，為客戶提供定制化的產品和服務。

「顧客佔有率」是「一對一」營銷的核心問題之一，企業不應當只關注市場佔有率，還應當思考增加每一位客戶的購買額，也就是在一對一的基礎上提升對每一位客戶的佔有。「一對一」營銷要我們在區分不同的顧客後去關注那些能為我們帶來價值的顧客的「錢夾」，而且是終生的「錢夾」（即顧客終生價值 Life Time Value），並關注我們能從他們的「錢夾」裏拿出多少錢。

計算顧客的價值特別是顧客終生價值是我們通常在實施「一對一」營銷所面臨的第一個困難。我們不妨採用一種簡單的方法來做。這種方法名叫「RAD」法，源於英文的三個詞「Retention」（保持），「Acquisition」（獲取）與「Development」（發展），其實這三個詞分別代表企業在維護與顧客之間關係不同的階段所採用不同的三種策略。這種方法主要有幾點：

1. 收集顧客資料

建設一個相對固定的顧客數據庫，該數據庫包括了顧客的聯繫辦法、已擁有的產品數量與本企業產品在顧客所擁有的所有該產品中的比率，以及顧客在未來一段時期對該項產品的採購計劃等信息。這些資料獲取並不難，有些可以通過企業已有的資料（例如顧客擁有多少

本企業的產品），有些可以通過電話調查或市場調查（例如顧客公司所有該產品的總數量及其未來一段時期的採購計劃），有些可以通過推算（一般來說，獲取顧客公司的採購計劃很難，通常可以通過行業的增長率及該類型產品的平均更新率推算出一個大概的數字）。

2. 顧客分類

通過該顧客資料用簡單的數學模型把顧客進行分類。通常的做法是對顧客的採購計劃（Wallet）與現有顧客佔有率（SOW）為二維標準，進行分類，把顧客歸屬到上述三個不同的階段（RAD）。屬於「D」的顧客是對企業最為忠誠的。

3. 顧客分別對待策略

對不同階段的顧客進行區別對待。屬於「A」的顧客採用「獲取」策略，屬於「D」的顧客採用「發展」策略，屬於「R」的顧客採用「保持」策略。

4. 動態更新

對上述顧客的資料和對待策略進行階段性動態更新。因為顧客的信息、採購計劃與現有顧客佔有率都會隨時間的改變而改變。

「RAD」法，簡化了顧客佔有率的計算方法。我們其實沒必要去對顧客幾十年的購買力作出一個計算，誰知道明天這家公司還存在不存在，連安達信這樣的大公司就說倒就倒。「RAD」關注的是顧客短期價值，它只計算一定時期內的購買力與購買佔有率（通常是半年或一年作為一個週期）。雖然如此，這種方法實際上還是在關注顧客的長期價值，只不過它是把顧客的整個生命週期分階段關注而已，這樣更具實際的可控性和可操作性。

五、與顧客互動對話

「與顧客互動對話」是「一對一」營銷的核心問題之二。它要求企業不僅要瞭解目標顧客群的全貌，而且應當對每一個顧客都要瞭解。這種瞭解是通過雙向的交流與溝通，就像交朋友一樣，認識之後，持續的交往與交流才能讓這種關係得以保持並加深。事實上，目前的技術手段可以讓我們充分做到這一點。Internet、呼叫中心及其他IT技術平台都使我們很容易做到與「顧客互動」。與顧客互動最關鍵的一點是讓客戶參與你的銷售、生產及服務的過程。

戴爾公司是真正在業界實現「一對一」營銷思想最為徹底的企業之一。它的 Premier Page 的成功運作能充分說明「與顧客互動對話」的可操作性與良好的效果。戴爾為它的很多客戶在戴爾網站上建立了「一對一」的介面，顧客登錄到這個系統，裏面的資料就好像為他專門準備的，其實也是專門為他準備的。裏面有該顧客與戴爾發生過交易的所有信息、戴爾曾經給過顧客的報價、售後服務信息，更有專門的直銷價格與推薦機器。這種直銷價格針對不同的客戶是不同的，給你的價格只有你在自己的 Premier Page 中才能看到。所推薦的機器也可能是不一樣的，因為戴爾會因顧客不同的喜好、不同的 IT 架構做出不同的推薦。

同樣，顧客可以在這個 Page 裏配置自己想要的機型、發佈自己的需求與對戴爾產品及服務的意見與建議。不僅僅是這個 Premier Page 本身，顧客也可以通過 800 電話、傳真、電子郵件與戴爾進行對話，戴爾設在廈門的客戶服務中心有專門的內部銷售代表負責與不同顧客保持這種交流。在此模式中，客戶全程參與到戴爾的生產、銷

售及服務的各個環節，客戶不再是企業的外人。

　　一對一電子郵件營銷系統是企業充分發揮電子郵件進行雙向互動與即時回應的有效方法。其能與後端數據庫分析方法，主動與特定目標客戶群溝通，從傳遞特定的營銷信息、客戶狀況追蹤管理、產品與服務的延伸營銷、客戶意見收集及調查，從而擴展互動數據庫存營銷(Interactive Database Marketing)以及「一對一」營銷，達到與客戶有效關聯的目的。

　　一位高層工作人員說道：「亞馬遜公司的客戶服務非常好，給我們留下極其深刻印象。尤其是客戶經理的服務特別積極認真，在我們合作的半年多時間裏，她能夠不斷地給我們提出好的建議，其中的一些提議得到我們的採納。我們經常收到來自亞馬遜公司的郵件，而郵件的發送時間大多是在晚上十一二點，由此可見亞馬遜是真的把我們當成上帝在對待！亞馬遜公司設計隊伍的整體水準也相當高，廣告設計非常出色。總而言之，亞馬遜的服務是很到位的，我們表示非常滿意。」

　　在應用時，大幅降低牽制時間與投入成本、提升整體報酬率等是企業最佳的電子郵件營銷解決方案。相關要求有：

1. 營銷自動化簡易操作平台及介面

　　具有可自動化設定的簡易操作介面，提供從內容設定、通過管理、測試、資料擷取到線上即時報告的整合性管理平台，營銷人員可自行操作完成，不需要通過 IT 人員協助，即可提升企業電子郵件營銷成效。

2. 具備精準營銷功能

　　通過線上分析系統，營銷人員可以篩選寄送對象，將特定的營銷信息傳遞給特定目標客戶，同時也可以針對客戶回覆狀態，發動二次

營銷，以提升電子郵件營銷的投資回報率。

3. 提供一對一個性化電子營銷

針對個別客戶的差異性，可指定個人化郵件內容，讓企業可潛在客戶的個人需求提供有價值的信息，籍此來提高客戶忠誠度，把握客戶的終生價值。

4. 提供線上追蹤分析技術

可追蹤電子郵件營銷的寄送、閱覽狀態及客戶點選行為，即時紀錄並產生線上報告，讓企業在第一時間內掌握電子郵件營銷的成效，建立完整的客戶數據庫，讓營銷人員做進一步的分析。

5. 具備問卷調查機制

內建高度彈性的問卷調查機制，企業可以通過簡易操作介面，協助企業迅速收集客戶信息，同時強化企業與客戶之間的互動。

6. 可結合多媒體影音效果

通過自動化設定機制，有效的追蹤多媒體影音效果的呈現與瀏覽之間的互動行為，並產生即時的線上分析報告，向營銷人員顯示目標客戶群的隱性偏好，以建立完整的客戶互動式數據庫。

7. 提供行動簡訊內容，進行直接營銷

提供支援行動簡訊直接營銷系統，通過簡易的操作介面，從簡訊的內容設定、寄送時程管理、寄送對象管理、測試、數據擷取到線上即時分析報告的整合性管理平台，提高精準營銷的時效及有效性。

電子郵件不僅是最便捷及節省成本的雙向溝通管道，而且因其時時回應以及可被追蹤的特性，企業可依其提高服務效能和提升精準目標的營銷水準。如能結合相應的技術，在與消費者的即時互動中，建立完整的客戶互動式數據庫，進而達到客戶管理以及一對一營銷目標，那麼小小的電子郵件為企業帶來的競爭優勢及營銷效益將是無可

限量的。

六、定制化

「定制化」是「一對一」營銷的核心問題，它通常被看作是「一對一」營銷中最為困難的一環。定制化的難度到底在那裏呢？在很多方面，定制化不僅涉及到銷售模式的調整，還涉及到生產、庫存、採購、財務結算等方方面面。

1994 年，一位法國的工程師成功開發了一種「電腦試鞋機」。顧客坐在椅子上，將腳放在機器的一個支撐上。此時上下左右 4 台攝像機開始從不同角度對腳的外形進行掃描，並以數字形式輸入電腦，後者將獲得的數字進行處理並與數據庫中數萬種尺碼進行對比，很快獲得最佳組合尺碼。此時顯示幕上出現「請試鞋」的字樣。顧客根據需要，在規定的鍵上敲幾下，通過輸入資料表達自己喜歡的款式、顏色等要求，螢幕上即出現顧客的腳已「穿」上新鞋的圖像。當時由於技術上的原因，數字處理速度還有待提高，這種設備未能普及。

1997 年，美國芝加哥市出現了一家「定做鞋業公司」，標誌著由顧客參與的「雙向策劃」已成為革新傳統經營的新商業模式，並成為市場競爭的一種有效手段。通常，鞋業商店可供選擇的品種僅數百個，尺碼不過數十種，而該公司可提供的鞋類品種達 2 萬多個，並且是按照顧客腳形定做的，這就使鞋子穿著的舒適性大大改善，最大化地滿足了客戶需求。

其實戴爾也不是你想要什麼它就給你什麼，而是在基本配置的基礎上靈活地對一些元件進行配置。事實上，企業要想實施「客戶定制化」並不需要對現有產品與生產模式做很大改動。公司可以在以下方

面進行「定制化」，而且這些做法實施起來並不困難。

1. 捆綁銷售

把兩個或更多的產品捆綁在一起來賣。包括相關的產品（如電腦與印表機）、產品與耗材（印表機與墨盒）以及大量的折扣（一箱百事可樂）。

2. 配置

不用改變產品或服務，只需預先進行配置就能滿足顧客要求。戴爾的電腦能在不改變基本配置的情況下配置記憶體及硬碟。

3. 包裝

根據顧客類型調整包裝。例如家樂福賣的水餃有針對大家庭的大包裝，也有針對單身貴族的小包裝。

4. 送貨和後勤

在顧客方便的時候送貨，可以約定不同的時間和送貨地點。

5. 輔助服務

提供售後服務，例如上門維修電腦的時候提供印表機的性能檢查服務。

6. 服務方式

客戶可以選擇服務類型。例如惠普的金牌服務，可以選擇服務年限、上門與否及回應速度。

7. 支付方式

按照顧客要求設計支付方式，例如戴爾針對中國信用體系不發達的情況，對家庭用戶提供銀行電匯與上門用手持 POS 機信用卡劃帳的選擇。

8. 預先授權

預設權限來滿足顧客需求，例如對不同客戶的信用等級設置不同

的預付額度。

9. 簡化服務

為長期客戶或重點客戶重新設計購買與送貨方式。例如惠普對其重點客戶專門的直接定購模式。

2 客戶滿意度

一、客戶滿意的概念

所謂滿意，就是一個人通過對一種產品的可感知的效果或結果與他的期望值相比較後所形成的一種失望或愉悅的感覺狀態。

滿意水準是可感知效果和期望值之間的差異函數。如果可感知效果低於期望，客戶就會不滿意；如果可感知效果與期望相匹配，客戶就會滿意；如果可感知效果超過期望，客戶就會高度滿意或欣喜。

用數學公式可以表示為：

$$滿意 = 可感知效果 / 期望值$$

當滿意的數值小於 1 時，表示自己對一種產品或事情可以感知到的結果低於自己的期望值，即沒有達到自己的期望目標，這時你就會產生不滿意。該值越小，表示你越不滿意。

當滿意的數值等於 1 或接近於 1 時，表示你對一種產品或事情可以感知的結果與自己事先的期望值是相匹配的，這時你就會表現出滿意。

　　當滿意的數值大於 1 時，表示你對一種產品或事情可以感知到的效果超過了自己事先的期望。這時你就會興奮、驚奇和高興，感覺的狀態就是高度滿意或非常滿意。

　　許多公司不斷追求高度滿意，因為那些一般滿意的客戶一旦發現有更好的產品，依然會很容易地更換供應商。那些十分滿意的客戶一般不打算更換供應商，因為高度滿意創造了一種對品牌情緒上的共鳴，而不僅僅是一種理性偏好，正是這種共鳴創造了客戶的高度忠誠。然而，客戶如何形成他們的期望呢？期望形成於客戶過去的購買經驗，以及朋友和夥伴的種種言論中，銷售者將期望值提得太高，客戶很可能會失望。另一方面，如果公司將期望值定得太低，就無法吸引足夠的購買者(儘管那些購買的人可能會比較滿意)。

圖 10-2　幾種滿意類型

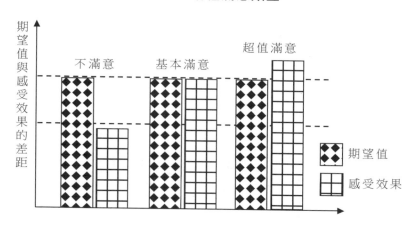

二、將「滿意度」列為追求目標

　　如果客戶不滿意，他會將其不滿意告訴 22 個人，除非你是獨家

經營，否則該客戶不會重覆購買；如果客戶滿意，他會將滿意告訴 8 個人，但該客戶未必會重覆購買，因為競爭者可能提供性能更好、更便宜的產品；如果客戶高度滿意，他會將高度滿意告訴 10 個人以上，該客戶會重覆購買，即使與競爭者相比產品沒有什麼優勢。

隨著客戶滿意度的增加和時間的推移，企業基本利潤沒有什麼變化，但是企業由於客戶推薦而導致銷售額的增加是巨大的。同時由於宣傳、銷售等方面費用的降低，企業經營成本下降，也帶來大量的利潤增加，因此，高度滿意才能帶來客戶忠誠，才能帶來企業利潤，企業應將客戶高度滿意作為自己的最高追求目標。

三、服務滿意管理

在新的時代，傳統的產品營銷方式顯得不夠用了，需要借鑑服務的營銷創新。傳統的客戶服務從屬於產品銷售的一個環節，是產品的附屬品。在市場競爭異常激烈，特別是在同類產品間的技術差異愈來愈小，消費者對服務品質愈來愈苛求的今天，客戶服務質量在競爭中的地位已發生質的變化，服務已上升為競爭的重要環節。服務滿意已經成為贏得客戶滿意的保證。

什麼是客戶服務？客戶服務是企業向客戶直接或間接提供無形利益，並使用獲得一系列滿足感的行為。服務是一種既看不到又摸不到的非實體，它的形式各異但各種服務方式的目的都在於促進市場營銷。

A 公司所生產的電子琴，所有產品都擁有國家有關部門的質量檢驗合格證書，達到了 ISO9000 質量標準，對所售的任一產品將給予完全的品質保證。然而 A 公司不僅僅只給予品質上的保證，更有其完美

的服務。

售前服務：客戶一進入，就會被真誠和熱情所吸引。服務人員會為客戶細緻地介紹產品，並提供某一列產品作為最後定價，免費進行工程管理，監控整個計劃實施。根據不同地區的氣候、溫差，精心選擇耐用材料，提高多項管理指標。

售中服務：A公司不僅把品質優良的產品交給客戶，還附送詳細的使用說明書，每一款產品均送貨上門並仔細安裝。

售後服務：客戶只需打一個電話，所有的售後問題可得到解決。A公司產品質量保證期為5年，在質量保證期內出現的正常使用下的任何破損，客戶都可以與A公司銷售部聯繫，3小時內便可得到琴鳥專業維修人員的上門服務，一切均由A公司負責修理或更換。質量保證期內，如果客戶發生人事異動、組織結構的變動，將會得到A公司免費提供的再次調試、安裝服務。在產品質量保證期內，A公司每年進行1～2次免費上門保養回訪。

服務滿意首先必須在全體員工中樹立「客戶第一」的觀念，沒有這樣的觀念，服務就不可能使客戶滿意。

有服務的銷售才能充分地滿足用戶的需要，缺乏服務的產品只不過是半成品，所以服務是產品功能的延伸。未來企業的競爭目標集中在非價格競爭上，非價格競爭的主要內容就是服務，服務在銷售中已成為人們關注的焦點。

服務深刻地體現了企業與消費者利益的一致性。優良的服務，可以得到客戶的信任，正是從這種意義上講，現代的品牌經營，不僅是銷售產品，而且還要使消費者獲得溫馨的感覺、愉快的體驗、充分的滿足感以及對將來的憧憬。服務是一種人們迫切需要的服務方式，正確的服務觀，不在於服務來維持產品銷售，而是針對客觀需要而進行

的服務。

收穫機械 B 公司以生產農用機械聞名。客戶從該廠購回一台麵筋機，該廠免費將機器運送到客戶的老家。事隔半年，客戶在使用過程中，由於操作不善，造成人為故障，立刻打電話請求幫助。接到電話後，廠長派技術工程師立即驅車到客戶老家，一路顛簸。可是一行人趕到後，顧不得休息，立即進行修理，讓客戶深受感動。後來，這個客戶成了收穫機械公司的忠實客戶，不管他到什麼地方，他總是會提起這件事，後來他的很多同行也紛紛購買機械 B 公司的產品。

對企業來說，有更好的服務才能取得更大的利潤，服務不但能創造企業的良好形象，更能因此創造產品的附加價值。服務的利潤有時比產品本身的銷售利潤重要。尤其當產品的銷售利潤因為其他競爭產品的增多而下降時，服務所產生的利潤就更為重要了。

B 公司是以銷售農用配件，兼營汽車配件、農林業機械的綜合性公司，就是靠滿意服務贏得客戶的。

1. 介紹導購。只要客戶一到，公司業務人員就跟隨介紹，包括車輛的價格、性能、調度並幫助開單、交款。

2. 建檔立卡，定期走訪。對公司售出的農用車登記造冊，派專人管理，延長產品的「三包」期，一改過去的坐門被動維修為主動上門走訪，及時幫助客戶解決使用中的問題，解除用戶後顧之憂。

3. 技術諮詢，培訓機手。針對一些用戶買車還不會開的問題，該公司專門印製了《機手指南》、《簡易故障排除》的小冊贈給用戶。同時設立技術諮詢電話，由技術員輪流值班，回答小問題，登門解決大問題。

優質的服務贏得了客戶，現在該公司的農用車不僅在當地熱銷，還遠銷到週邊 20 多個市縣。

四、建立完整的服務指標

　　服務指標是企業內部為客戶提供全部服務的行為標準。僅有服務意識並不能保證有滿意的服務，企業還要建立一套完整的服務指標，作為服務工作的指導和依據。如果說服務意識是服務的軟體保證，那麼服務指標就是服務項的硬體保證。服務指標可以分為伴隨性服務指標和獨立性服務指標兩部份。

　　伴隨性服務指標是伴隨在產品銷售過程中的服務指標，它的內容包括售前服務指標、售中服務指標和售後服務指標。

　　獨立性服務指並不直接發生產品交換的服務，如旅遊、賓館、娛樂等服務。伴隨性服務消費的是產品，服務是為了保證更好地消費，而獨立性服務消費的是服務，服務是客戶購買的目標。因此，獨立性服務的好壞，決定著公司的前途和命運。

　　在不同行業，獨立性服務的行為指標是不一致的。在同一行業，不同職務崗位又提供不同的服務內容。對一個酒店，其服務指標可以分為前廳人員服務指標、客房人員服務指標、後勤人員服務指標和管理人員服務指標等等。

　　例如，某電信公司的服務指標如下：

　　1. 電話安裝、移機平均時限 15 天，最長不超過 20 天（含 N-ISDN、ADSL）；裝、移機及時率達到 98%以上。

　　2. 寬頻 IP 用戶調試安裝平均時限 15 天，最長不超過 20 天，及時率達到 98%以上。（具備安裝條件的地段）

　　3. 數據通信裝機時限：專線方式 7 天，電話撥號方式 4 天，裝機及時率 98%。

4.對重點客戶、大客戶裝移機時限 ≤ 7 天，裝移機及時率達到 98%以上。

5.電話修機時限：城市 24 小時，農村 48 小時，障礙修復及時率達到 98%。

6.對重點客戶、大客戶障礙維修時限：市話用戶，城市 12 小時，農村 24 小時，障礙維修及時率達到 98%。

7.對裝、移機用戶以及上網撥號、寬頻 IP 開戶用戶電話回訪率達到 100%。

8.客戶滿意率達到 95%。

服務指標的建立是進行客戶滿意管理設計的關鍵內容。企業能否順利地導入客戶滿意戰略，關鍵就在於是否建立了一套以客戶為軸心的服務指標體系。這一套體系，不僅是員工提供優勢服務的依據，也是確立客戶滿意度的基礎。

3 影響客戶滿意度的因素

企業優質而持久的客戶是企業的資產。留住老客戶，發展新客戶，其結果是會給企業帶來長期的豐厚回報。留住新老客戶的實質是使客戶滿意，一個企業只有注重客戶的滿意度和忠誠度，才能在激烈的市場競爭中脫穎而出。

要留住新老客戶，就要創造客戶滿意。所謂客戶的滿意，是指客戶接受有形產品和無形服務後感到需求滿足的狀態。而要做到客戶滿

意，企業就要比競爭對手更瞭解客戶和滿意程度。

客戶滿意度，即客戶滿意的程度，它是由客戶對其購買產品的預期（或「理想產品」）與客戶購買和使用後對產品的判斷（或者說「實際產品」）的吻合程度來決定的。用公式來表示為：

$$客戶滿意度 = 理想產品 - 實際產品$$

「理想產品」是客戶心中預期的產品，客戶認為自己支付了一定數量的貨幣，應該購買到具有一定功能、特性和達到一定質量標準的產品。

「實際產品」是客戶得到產品後，在實際使用過程中對其功能、特性及其質量的體驗和判斷。如果「實際產品」劣於「理想產品」，那麼客戶就產生不滿意，甚至抱怨；如果「實際產品」與「理想產品」比較吻合，客戶的期望得到驗證，那麼客戶就會感到滿意；如果「實際產品」優於「理想產品」，那麼，客戶不僅會感到滿意，而且會產生驚喜、興奮。有些國外廠家就宣稱其目標不是「客戶滿意」而是「客戶驚喜」。

企業推出產品時對自己產品的介紹也是客戶形成其「理想產品」的信息源之一，因此企業對客戶的「理想產品」的形成也具有一定影響力和控制力，尤其在客戶對產品不熟悉的情況下，這種影響力和控制力會影響到客戶的滿意度。如果企業言過其實地宣傳自己的產品或服務，結果導致客戶的「理想產品」超過「實際產品」，客戶發現自己吃虧上當，必然產生嚴重的不滿；如果企業實事求是地宣傳自己的產品或服務，客戶的「理想產品」必然接近於「實際產品」。由於感覺到企業是講實話的，客戶不僅對產品實體感到滿意，而且對企業行為也感到滿意，從而增強了對企業的信任；如果企業「名副其實」地宣傳自己的產品或服務即介紹時「留有餘地」，那麼「實際產品」必

然超過客戶的「理想產品」，驚喜情況就會發生，客戶對企業就會格外信任，客戶滿意，自然會提升到一定高度。

客戶滿意度通常與產品和價格關係不大甚至完全沒有關係。但它與以下因素的關係卻相當密切：

1. 核心產品或者服務

公司所提供的基本的產品和服務，包括了航空公司的航班、書店或者出版商出售的圖書、餐館供應的肉食、銀行的帳戶、理髮服務、電話、傳真或者 Internet 上傳遞的信號等等。這是供給客戶的最為基本的東西，而它留給服務提供商進行區分和增強價值的機會最少。在競爭性的市場上，公司必須把核心產品做好。如果做不到這一點，客戶滿意就永遠不會出現。

基於很多理由，客戶對核心產品通常不大關心或者完全不關心。或者是因它同競爭對手的產品和服務太相似了，以至於它提供不了任何價值，或者是因為它的質量出色不太可能會出現問題。在一些行業中，技術和其他方面的發展已經創造出這樣的一種情況，相互競爭的公司所供給的產品和服務實際上是相同。在公用事業中這種情況很明顯，金融服務業也越來越向這個方面發展。特別是對加工工業來說，質量標準已經被提高了很高的地位，卓越的質量已經變得稀鬆平常了。

在這些類似情況中，核心產品上差別很小而質量已經得到了巨大的提高，客戶需求得到了核心產品和服務的滿足，以至於客戶尋找供給中的其他成份來增加價格或者尋找他們與某個特定公司交易的理由。大量事實證明，優秀的核心產品或者服務絕對是成功的基礎。它代表的是進入市場的基本條件。

2. 服務和系統支援

它包括週邊和支援性的服務，這些服務有助於核心產品的提供：運輸和記帳系統、實用性和便利性、服務時間、員工的水準、信息溝通、儲存系統、維修和技術支援，求助熱線、以及其他支持著核心的計劃，這裏表達的主要信息是即使客戶接受了非常出色的核心產品，也可能對服務提供商表示不滿，客戶可能會明確的放棄購買他/她理想中的轎車，如果供應這件產品需要花上 8 週的話，一位客戶可能會更換掉一家 Internet 服務提供商，因為取得它的幫助很不方便。

在一些公司的運營行業中，以較好的核心產品或服務為基礎取得競爭上的優勢是很困難的，甚至是不可能的。這樣的公司可以提供與分銷和信息有關的支援性和輔助服務，並通過上級指示服務逐步將它們之間的交易變得更加方便。它們能規定禁止員工與客戶爭論。它們能向客戶提供有關產品的詳細信息。它們可以提供 24 小時的服務。在客戶外出期間，它們可以安排為她/他的車定期服務，使其在需要這項服務的時候不會感到不方便。通過採取步驟將這些系統和政策安排到位，公司就可為客戶增加價值了，並且將它自己同競爭對手區別開來。

3. 技術表現

這主要與服務提供商能否將核心產品和支援服務做好有關，重點在於公司向客戶承諾的服務表現上。例如，公司如約送去了新的洗碗機嗎？4：10 到達的航班與時刻表上顯示的一致嗎？

客戶期望事情能進展順利並且遵守承諾，但這種願望卻未能得到滿意，客戶就會產生出不滿和失落來。很多公司都是在這個層次上失敗的。因為他們未能信守承諾，滿足客戶對服務的外在或內在期望。公司確實高標準的滿足甚至超過了客戶對服務供應的期望，就會取得

令人羨慕的競爭優勢，客戶知道他們可以信賴這些公司。這是關係中一個非常重要的因素。

4. 客戶互動的要素

這是公司與客戶進行個人交往的情況。這裏強調的服務提供商與客戶之間面對面的服務過程或者以技術為基礎的接觸方式進行的互動。

對這個層次上的客戶滿意度的理解說明，公司滿足客戶的時候，考慮的不能僅僅是核心產品和服務的供應，或者只是把注意力僅僅放在服務的提供上面。企業把注意力放在客戶與員工之間的人際互動上，這種互動通過面對面的方式或者電話來完成，但是公司越來越多開始通過技術手段與客戶和其他人互動：通過自動提款機，語音應答(IVR)系統，電子郵件和 Internet。

公司越來越必須面對這樣的事，它們與客戶的大多數互動是通過技術手段進行的。許多客戶對必須通過以技術為基礎的系統與公司交易感到失望。確保公司能提供一些平等的或者可選擇的方法，允許客戶在一個更加個人化的環境下與它們交易，可能是一種解決問題的方法。

5. 情感因素

從客戶的調查中獲得的很多證據說明，相當的一部份客戶的滿意度與核心產品或者服務的質量並沒有關係。實際上，客戶甚至可能對他/她與服務提供商和它的員工的互動中的大多數方面感到滿意。但因為一位員工的某些話或者因為其他的一些小事情有沒有做好而使公司失去這個客戶的業務，而那些事情員工們甚至並沒有注意到。

在與目標群體的言談和調查質量的過程中，客戶經常會描述服務提供商帶給他們的感受如何。很少有公司對自己的員工給客戶的感受

如何給予特別的關注，很多服務經歷使客戶對公司產生不好的感覺。一些經歷則可以讓客戶對公司產生好的感覺，當然這樣的經歷可能會很少。

當考慮滿意度的 5 個影響因素的時候，企業應當記住：從這些因素對客戶滿意的影響看來，公司和它的員工在每個層次上所提供的服務都將隨著我們從核心產品和服務逐步深入到互動中的情感因素，而它們越來越重要。

隨著從核心產品或者服務向供應、向人際間的互動、和向創造出正面的情感的轉移，客戶需求的層次越來越高。

同樣，這個過程中，企業為客戶增加的價值也越來越多。

6. 環境因素

不僅一個客戶滿意的東西可能不會讓另外一個客戶滿意，而且在一種環境下令客戶滿意的東西在另一種環境下可能不會讓客戶滿意。客戶的期望和容忍範圍會隨著環境的變化而變化。

對於員工來說，認識到環境中存在的區別和這些區別在提供高質量的服務和創造客戶滿意度中的重要性是很重要的。客戶面對每一種環境的時候，都帶著對結果的期望。通常這些期望都是建立在他們自己從前的經歷上或者是他們所信任的那些人的經歷上的，公司通過自己在交流上的努力和掌握分辨出面對的情況並且對它做出反應，或者得訓練他們做到這一點。對員工來說，要花費時間和許多積累經驗才能變得善於讀懂客戶，在許多情況下，員工可以提前做準備，老員工會憑藉他們的經驗幫助新來的員工應付這些情況。

4 客戶滿意度的測試內容

一、滿意度的分析

客戶管理的關鍵是使客戶滿意，從而創造高的客戶忠誠。為了使客戶滿意，企業應對客戶滿意度進行測試與分析，隨時瞭解客戶的滿意情況，以便改進企業的客戶管理。

客戶滿意度是衡量客戶滿意程度的量化指標，由該指標可以直接瞭解企業或產品在客戶心目中的滿意級度。下面通過向資料來反映客戶滿意狀態：

1. 美譽度

美譽度是客戶對企業的褒揚程度。

對企業持褒揚態度者，肯定對企業提供的產品或服務滿意。即使本人不曾直接消費該企業提供的產品或服務，也一定直接或間接地接觸過該企業產品和服務，因此他的意見可以作為滿意者的代表。

借助對美譽度的瞭解，可以知道企業提供的產品或服務在客戶中的滿意狀況，因此美譽度可以作為企業衡量客戶滿意程度的指標之一。

2. 指名度

指名度是指客戶指名消費某企業產品或服務的程度。如果客戶對某種產品或服務非常滿意時，他們就會在消費過程中放棄其他選擇而指名道姓、非此不買。

3. 回頭率

回頭率是指客戶消費了該企業的產品或服務之後再次消費或可能願意再次消費，或介紹他人消費的比例。當一個客戶消費了某種產品或服務之後，如果心裏十分滿意，那麼他將會再次重覆消費。如果這種產品或服務不能重覆消費（例如家裏僅需一台冰箱），但只要可能，他是願意重覆消費的。或者雖不重覆消費，卻向領導、親朋大力推薦，引導他們加入消費隊伍。因此，回頭率也可以作為衡量客戶滿意的重要指標。

4. 抱怨率

抱怨率是指客戶在消費了企業提供的產品或服務之後產生抱怨的比例。客戶的抱怨是不滿意的具體表現，通過瞭解客戶抱怨率，就可以知道客戶的不滿意狀況，所以抱怨率也是衡量客戶滿意度的重要指標。

抱怨率不僅指客戶直接表現出來的顯性抱怨，還包括客戶存在於心底未傾述的隱性抱怨。因此瞭解抱怨率必須直接徵詢客戶。

5. 銷售力

銷售力是產品或服務的銷售能力。一般而言，客戶滿意的產品或服務就有良好的銷售力，而客戶不滿意的產品或服務就沒有良好的銷售力，所以銷售力也是衡量客戶滿意級度指標。

客戶滿意指標是用於衡量客戶滿意級度的項目因數或屬性。找出這些項目因數或屬性，不僅可以測量客戶的滿意狀況，而且還可以由此入手改進產品和服務的質量，提升客戶的滿意度，使企業永遠立於不敗之地。

二、滿意度的測試

客戶滿意度測試內容隨客戶滿意度的決定要素而定。就企業最重要的客戶——最終消費者的滿意度測試的內容分解來看，商品的品質和服務的品質可以說是最基本的內容。

圖 10-3　產品滿意度測試的內容

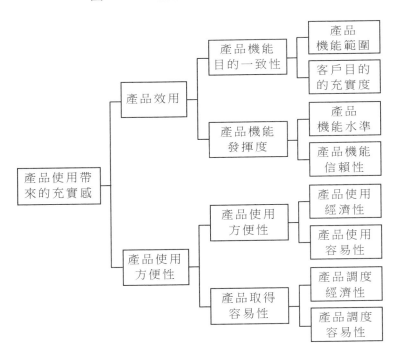

從客戶滿意度調查的要求來看，可以按商品在購買之後使用時帶給客戶的充實感、效用及使用的方便性等方面，把商品品質要素進一步分解，以此作為向客戶測試並掌握客戶對產品的滿意程度的基本要

點。

　　同樣，可以按正確性、迅速性等機能性的滿意，和舒適性或個人
感動等情緒性的滿意來測試客戶對服務的滿意度（見下圖）。

　　　　　圖 10-4　服務滿意度要素分解

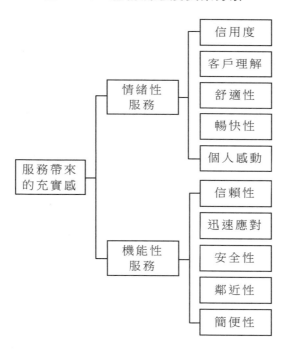

5 利用顧客滿意度信息

顧客滿意度信息是反映企業為顧客提供服務狀況如何的晴雨表。

以修車廠為例，顧客最簡單的目的就是把車完全修好，因此要使顧客對企業起碼持一般態度，汽車經銷店或服務站必須要有足夠的能力修好顧客的汽車。在近 20 年裏，汽車經銷店已將服務擴展到許多方面，包括晝夜快速取車、汽車借用、免費清洗和打蠟。有的還在 24 小時內對顧客的汽車進行複檢以確保問題確實得到解決，還有少數一些做得相當棒的經銷店甚至在兩個星期後再次對汽車進行複檢，如果仍有問題，則優先保障修好這輛車。這些超值服務和補救措施對於使顧客從中立態度轉變為滿意態度是非常關鍵的。

近年來，日本汽車經銷店——最著名的淩志經銷店——從顧客角度出發，重新審視了自身的汽車服務方式。他們發現大多數顧客都希望能將修車的不方便減小到最低程度，這些顧客認為，整個修車過程大體上包括把車送到經銷店，將車放在經銷店等候修理，待車修理完畢後將其取回三個步驟。為此，經銷商採取了一種更加方便顧客的服務方式，從而真正實現令顧客滿意：即到顧客家中或工作地點取車，留下借用的汽車，對汽車進行修理、清洗、打蠟，隨後在當天將汽車送返顧客，取回借用的汽車——當然，還包括對汽車進行複檢，以確保汽車確實得到了適當修理。

顧客滿意度信息還能提示企業需要在那些方面下工夫，以逐步提高自身的顧客滿意度水準，直到最後實現大多數顧客都對企業完全滿

意。做好這一工作，關鍵是要透過顧客所提供的信息，瞭解顧客的真實意圖。

第一步是衡量顧客滿意度和忠誠度，並確保整個衡量過程毫無偏見、持續進行、廣泛應用，以及能搜集和存儲每一位顧客的信息。

確保毫無偏見是因為在企業內部，總有一些人會為了他們自身的目的而試圖歪曲對顧客滿意度和忠誠度的衡量；確保持續進行，旨在對每一個時期的情況都能瞭解和掌握；確保廣泛應用，是為了便於對不同產品、不同地點、不同經營單位的情況進行比較，從而幫助經理人員決定如何有效利用企業的有限資源；最後一個，但絕非最不重要的一個條件，是在整個衡量過程中應當掌握每個顧客的信息，以便於企業根據每個顧客的具體情況編制其顧客滿意度改進計劃。

第二步是對顧客的反應進行劃分歸類，並繪製相應的曲線。除了評價顧客對企業的滿意或不滿意程度外，經理人員還應將本企業的顧客滿意度-忠誠度關係曲線與我們在調查中所研究的五個產業的曲線相比較，並考慮本企業曲線形成的原因。

公司是在透過虛假忠誠度的方式保持顧客，還是透過所提供產品和服務的價值引起顧客真實長期的忠誠呢？

第三步是制定最適當的提高顧客滿意度戰略。不滿意的顧客或許是對企業所提供產品或服務的核心價值——顧客認為該行業所有企業都能提供的基本要素——感到不太滿意。

儘管顧客所期望的基本產品經常隨著競爭者水準的提高、新競爭者的進入以及新技術的變化等因素不斷改變，但從整個企業發展歷程看，適應這種變化對管理者而言正是一種最嚴峻的挑戰。企業應當保證所提供基本產品或服務與顧客期望之間的匹配，並把它看作是一種長期持續的過程。

表 10-2　如何決定採取什麼樣的行動

	顧客反應	戰略行動
第一階段	2～3（不滿意）	提供顧客認為該行業所有企業都能提供的基本產品和服務要素
第二階段	3～4（一般）	提供一套適當的支援服務 制定積極的服務補救措施
第三階段	4～5（滿意）	理解顧客並從顧客角度考慮

　　對企業持一般態度的顧客或許對企業的基本產品或服務感到滿意，但他們更希望企業能提供一套相應的支援服務。如果偶爾遇到一些令他們不太愉快的事，這些顧客就有可能產生對企業的不滿情緒，成為不滿意的顧客。因此在這種情況下，企業也應採取相應的補救措施。向顧客提供適當的支援服務——其中大多數屬於服務的組成部份，可使企業的基本產品和服務得到更方便地使用或更有效。在問題發生時，這種補救措施有助於企業使這些持中立態度的顧客保持以前的心態，不至於成為不滿意的顧客。

　　大多數在令顧客滿意方面都做得非常出色的企業，一旦遇到問題，總是將自身能力看作是解決問題並使顧客滿意的最重要的因素。這種能力在很大程度上影響著顧客在與別人交談時，會貶低還是讚揚該企業。對於航空公司、汽車、生產設備、郵寄購物等產品和服務十分複雜或者產品傳遞和服務過程在企業控制之外的企業來說，這種補救措施顯得尤為重要。

　　完全滿意的顧客總是相信，企業在理解和滿足他們個人的偏好、價值、需求、問題等方面都能做得非常出色。為做到這一點，企業應善於傾聽顧客的訴說並瞭解他們的真實意圖。

第十一章

正確處理客戶投訴

1 正確認識客戶抱怨

客戶關係管理中的一切戰略和目標都以贏得客戶與保持客戶為基礎。但無論企業為保持現有客戶所作的規劃有多好,總是會存在客戶抱怨以及客戶流失的現象。為了保持業務和穩定,企業必須正確處理客戶抱怨和應對客戶流失。

有一句推銷名言:滿意了的顧客是最好的廣告。大多數顧客在購買某種商品之後,都會把自己的體會告訴別人,形成購買商品的連鎖反應。但是如果客戶對企業不滿,則無疑是企業的噩夢。

曾獲得「世界最偉大的推銷員」稱號的美國推銷專家喬·吉拉德在其自傳中寫道:「每一個用戶的背後都有 250 人,如果推銷員能夠充分發揮自己的才智利用一個顧客,也就得了 250 個關係;但是如果推銷員得罪了一個人,也就意味著得罪了 250 人」。這就是喬·吉拉

德著名的「250」定律。正因為如此，對於客戶的不滿與抱怨，企業應採用積極的態度正確有效地處理，對服務、產品或者溝通等原因所帶來的失誤進行及時的補救，以幫助企業重新建立和建立客戶的忠誠度，目前，「反叛離率」，「反叛離管理」成為客戶關係管理理論和實踐的重要內容之一。

1. 客戶的抱怨是天使的聲音

一些企業對客戶的抱怨和投訴深感頭痛，但對另一些精明的企業經營者而言，客戶的抱怨卻是一種寶貴的信息資源，是企業借此獲得開發新產品靈感的機會，也是企業贏得競爭的有利工具。假如客戶有不滿卻不肯表示出來，只是悄悄的不上門，結果吃虧的還是企業本身。有些公司以為客戶流失了沒有關係，再另行開發新客戶就是了。但事實上，這種想法太過於天真，開發新客戶的成本太高，約是保留舊客戶的 5 倍，而其他名譽上的損失還難以量化。

有研究指出，提出抱怨的客戶，如果他們的問題能夠獲得圓滿解決，其客戶忠誠度會比那些在與企業交易中從來沒有遇到問題的客戶更高。這裏面的主要原因在於，企業解決問題的熱忱會讓客戶產生信任感，從而為未來的業務的基礎。

下面是麥肯錫顧問公司所得出的一些統計數字：

⑴有了大問題但沒有提出抱怨的顧客，有再度惠顧客意願的佔 9%。

⑵會提出抱怨，不管結果如何，願意再度惠顧的佔 19%。

⑶提出抱怨並獲得圓滿解決，則有再度惠顧意願的佔 54%。

⑷提出抱怨並快速獲得圓滿解決，則有再度惠顧意願的佔 82%。

2. 不抱怨並不表示滿意

很多企業在進行客戶滿意度調查的時候，常犯一個嚴重的錯誤，

把抱怨和不滿意客戶的數字相提並論，而假定那些不抱怨的客戶是滿意的，使企業完全毫無警覺地沉溺於安全感之中。其實根據相關的研究統計，在 27 個不滿意的顧客中只有一個人願意發出抱怨，剩餘的 26 個人不願意去抱怨，這顯示企業每收到一個抱怨，即代表有 27 個不滿意的顧客。因此如果企業想要瞭解顧客滿意及不滿意的真正詳情，只詢問一有客戶是不夠的，還得去詢問那些已離開的客戶，問清楚為什麼他們要離開，這才是最重要的。

那麼，客戶為什麼在對企業不滿意的情形下也不抱怨呢，主要原因可能在於以下幾點：

⑴客戶認為抱怨也沒有用。客戶知道大部份的員工並非用來處理抱怨，而且通常抱怨的結果就是吃白眼。

⑵抱怨的過程很麻煩。首先要找出對方的名字，再找到其所屬公司的通信地址或聯繫方式，然後再聯繫，很費時間和精力。

⑶抱怨使人覺得不好意思或咄咄逼人。大部份人不喜歡抱怨，他們會覺得難為情。

⑷客戶不抱怨的最主要原因是市場上提供了許多可供選擇的產品或服務，與其抱怨，不如換個對象。

可以說，客戶是企業產品和服務最具權威的評判者，對改進產品和服務也最具有發言權。他們在使用各類產品的過程中，會發現產品和企業服務的不盡人意之處，並由此產生投訴。因此企業可以從這些投訴中，瞭解和發現產品和服務的不足之處，掌握用戶的客戶需求以及其中隱含著的市場訊息，迅速找準問題的關鍵所在，從中獲得開發新產品的靈感，提高產品質量，改進服務水準，使企業更上一層樓。

3. 客戶的不滿，是創新的源泉

創新營銷是發現和解決客戶並沒有提出要求、但他們會熱情回應

的需求。新力公司是創新營銷的範例，因為它成功地導入了客戶不滿意創新和諮詢系統，這樣很多新產品如隨身聽、錄影機、攝像機、CD機等就在該系統的支援下迅速面市。新力是走在前面引導客戶開展營銷的一個公司，是市場驅使的公司。新力的創始人盛田昭夫宣佈：他不是服務於市場，而是創造市場。另外，海爾可以洗地瓜的洗衣機、諾基亞運動型的手機，這些新產品的開發也都與客戶的不滿緊密相連。正是客戶提出用洗衣機洗地瓜這一「無理」要求，客戶反映手機在運動時攜帶不方便，這才促使了新產品的誕生，客戶的不滿已成為企業創新的源泉。

4. 客戶的不滿，使企業的服務更完善

客戶是越來越難「伺候」了，看報紙要送到門口、買袋米要送到家、買個冷氣機要安裝妥當、買斤肉要剁成餡兒、買個電腦你要教會他上網……一步沒做到都會引起客戶的不滿，但回頭來看一看，這些當初無理的要求，如今都已成為商家爭奪客戶的法寶。客戶對商家服務的不滿意，然後提出的看似「無理」的要求，往往正是商家服務的漏洞，而其「無理」，僅僅是我們服務觀念僵化的證明。企業要想完善服務，就必須依靠客戶的「無理取鬧」來打破「有理的現實」。

2 英國航空公司的「抱怨冰山」說法

「抱怨冰山」一詞最早是由英國航空公司提出的。公司在對客戶的投訴處理過程中，將客戶滿意度與抱怨的關係進行了調查、統計和分析，並繪製了圖表，因為圖表很像海面上的冰山，因此將其命名為「抱怨冰山」，如下圖所示。

圖 11-1　抱怨冰山示意圖

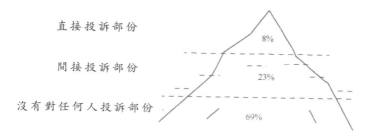

直接投訴部份　　　　　8%

間接投訴部份　　　　　23%

沒有對任何人投訴部份　69%

在提供服務的過程中，大部份公司認為，當客戶沒有提出投訴時，他們是處於滿意狀態的。透過「抱怨冰山」，我們注意到，大部份的客戶儘管不滿意也不會投訴。當公司沒有注意到這部份客戶，並且沒有採取任何措施時，我們的客戶正在流失。消費行為學研究得出：儘管有 69%的客戶不會投訴，但其中有 50%的客戶會將這種不滿意傳遞給他人，其中小問題會傳遞給 9 人以上，大問題會傳遞給 16 人以上。因此，「抱怨冰山」應得到服務部門的高度重視。投訴只是意見冰山的一角。實際上，在投訴之前就已經產生了潛在的抱怨，即服務存在某種缺陷。潛在抱怨隨著時間的推移逐步變成顯性的抱怨，

最後進一步轉化為投訴。

使用「抱怨冰山」這工具來化解冰山，有以下基本措施：

1. 分析客戶不滿的原因

客戶不滿意的原因主要有產品品質問題、沒有達到期望值、客服人員對他們缺乏信任、持有偏見、不能滿足需要、本來就不高興、實際能力差、不兌現承諾、不仔細聆聽、不耐煩、不給表達感情的機會、產品知識不夠、態度不良等。客服人員透過主動徵詢和調查，可發現公司服務表現與客戶期望值之間的差距。某航空公司調查的結果如下表所示。

表 11-1 某航空公司的調查結果

服務	對客戶的重要性所佔比率(%)	實際表現所佔比率(%)	差距(%)
準時抵達	89	39	-50
登機手續	75	53	-22
行李運送	75	31	-44
預訂機位	75	65	-10
對客戶關心	75	40	-35
機艙整潔宜人	60	49	-11
座位寬敞	59	33	-26
機上服務親切、迅速	56	48	-8
班次密集	35	23	-12
機上飲食服務	31	21	-10

2. 獲取冰山下隱藏的抱怨

透過上表中所列的數字可以看出，航空公司的實際表現與客戶的期望值並不一致。例如，對客戶來講最重要的是準時抵達，而航空公司卻認為預訂機位是最重要的，這就很可能造成客戶的投訴。因此，公司應根據暴露出來的客戶投訴與行為分析冰山之下存在的問題。

對公司而言，主動搜集信息是瞭解冰山潛在抱怨的主要管道。信息搜集方式主要分為兩類：一類為主動徵詢，另一類為被動搜集。例如，客戶座談會、發放客戶意見徵詢表等為主動徵詢方式。另外，透過對已經發生的投訴進行統計分析，可找出被隱藏的投訴；同時，應保證一線員工接到的投訴可以通暢上達，這對於管理者來說十分必要。

3. 建立危機預防機制，調整差異

透過分析，獲取客戶的隱藏抱怨後，公司應建立投訴冰山危機預防機制，通常所採用的方法如下。

(1)投訴接待與受理標準化。各部門工作人員的文化程度和生活閱歷千差萬別，與人溝通的能力也有強弱、高低之分，這些因素都會影響受理投訴的工作人員的行為，產生不同的投訴接待方式。因此，投訴接待應標準化、系統化，應制訂近期和遠期培訓計劃，給予員工充分的溝通技巧培訓，提高員工的溝通能力。

(2)投訴記錄。目前大部份公司普遍有意見箱、呼叫中心、客戶座談會、客戶意見徵詢表等投訴管道。各種管道的意見和建議都應該完整搜集，為管理人員分析和判斷服務系統所存在的誤差提供第一手資料。

(3)投訴重要性的分級。將投訴和危機按重要性分級，儘量量化評判標準，制定客觀指標，以保證最緊急的投訴總能最先得到處理；同

時，可按投訴和危機的級別對當事人採取不同等級的獎懲手段，在警示被投訴者的同時，也可以淡化投訴帶給員工的壓力。例如，可以將最緊急需要處理的問題定為紅色，一般問題定為黃色，一些惡意的無理取鬧問題定為灰色。

(4)危機的預防處理及投訴回饋。公司應該向投訴的客戶承諾，無論結果如何，短期內必將給予回覆。接到的投訴被證實後，被投訴者及被投訴者的上級應向客戶當面解釋，採取補救行動。公司應該制定統一的回饋程序，由專職管理人員代表公司向客戶回饋處理結果。投訴處理完畢並完成回饋後，應再次致電投訴者，確認是否有足夠的客戶滿意度。

3 客戶投訴內容及步驟

一、客戶投訴主要內容

1. 商品質量投訴

其中包括產品在質量上有缺陷、產品規格不符、產品技術規格超出允許誤差、產品故障等。

2. 購銷合約投訴

其中包括產品數量、等級、規格、交貨時間、交貨地點、結算方式、交易條件等與原購銷合約規定不符。

3. 貨物運輸投訴

其中包括貨物的運輸途中發生損壞、丟失和變質，因包裝不良造成損壞，因貨物裝卸不當出現損害等。

4. 服務投訴

其中包括對企業各類人員的服務質量、服務態度、服務方式、服務技巧等提出的批評與不滿。

5. 客戶提案與建議

主要包括服務水準的建議；提高標準化程度、降低成本、優化銷售管道方面的提案與建議；對企業營銷業務與管理提出的批評和意見等。

二、處理客戶投訴時須遵循原則

1. 預防原則

客戶投訴並非不可避免，而是往往因為企業的組織不健全、管理制度不完善或疏忽大意引發客戶投訴，所以防患於未然是客戶投訴管理的最重要原則。這一原則要求企業必須改善管理，建立健全各種規章制度；加強企業內外部的信息交流，提高全體員工素質和業務能力；樹立全心全意為客戶著想的工作態度。

2. 及時原則

如果出現客戶投訴，各部門應通力合和，迅速作出反應，力爭在最短的時間內全面解決問題，給投訴者一個及時圓滿的答覆，絕不能互相推諉責任，拖延答覆，其結果只會進一步激怒投訴者，使投訴要求升級。

3. 責任原則

對客戶投訴處理過程中的每一個環節，都需要重視明確各部門、各類人員的具體責任與權限，以保證投訴及時妥善地解決。分清造成投訴的責任部門和責任者，分清客戶投訴得不到及時圓滿解決的責任。為此需制定出詳細的客戶投訴處理規定，建立必要的客戶投訴處理機構，制訂嚴格的獎懲措施。

4. 記錄原則

記錄原則是指對每一起客戶投訴都需要進行詳細的記錄，如投訴內容、投訴處理過程、投訴處理結果、客戶反映、處罰結果等。通過記錄，可以為企業吸取教訓、總結投訴處理經驗，加強投訴管理提供實證材料。

三、處理客戶投訴步驟

1. 記錄客戶投訴內容

詳盡地記錄客戶投訴的全部內容，包括投訴者、投訴時間、投訴對象、投訴要求等。

2. 判定投訴性質

先確定客戶投訴的類別，再判定客戶投訴理由是否充分，投訴要求是否合理。如投訴不能成立，應迅速答覆客戶，委婉的說明理由，以求得客戶諒解。

3. 確定投訴處理責任

按照客戶的投訴內容分類，確定具體的受理單位和受理負責者。屬合約糾紛，交企業高層主管裁定；屬運輸問題，交貨部門處理；屬質量問題，交品質管制部門處理。

4. 調查原因

調查確認造成客戶投訴的具體責任部門及個人。

5. 提出解決辦法

參照客戶投訴要求，提出解決投訴的具體方案。

6. 通知客戶

投訴解決辦法經批復後，迅速通知客戶。

7. 責任處罰

對造成客戶投訴的直接責任者和部門主管按照有關制度進行處罰，同時對造成客戶投訴得不到及時圓滿處理的直接責任者和部門主管進行處罰。通常的做法是依照投訴所造成的損失大小，扣除一定比例的獎金或薪資。

8. 提出改善對策

通過總結評價，吸取教訓，提出相應的對策，改善企業的經營管理和業務管理，減少客戶投訴。

4 如何處理客戶抱怨

1. 第一要點：讓顧客「抱怨」有門

處理抱怨，首先要知曉抱怨。以顧客為中心的組織應當能方便顧客，提供顧客提出的建議和抱怨的管道。很多餐廳和旅館為客人提供表格以反映他們的好惡。醫院可以在走道上設置建議箱，為住院病人提供意見卡，以及聘請一位病人專門處理病人投訴。一些以顧客為中心的公司，像寶潔公司、松下公司、夏普公司等都建立了一種稱為「顧客熱線」的免費電話，從而最大程度地方便顧客諮詢建議或者抱怨。可口可樂公司於 1983 年開通了 800 電話線路，正如該公司消費者事務經理所說：「明智之舉是尋找不滿的顧客。」通用電器公司的回答中心可能是全美規模最大的 800 電話系統，它每年處理 300 多萬個電話，其中有 5%是抱怨電話。通用電器公司稱，它的工作人員都能在第一次電話的打入時解決 90%的抱怨或詢問，而抱怨者往往會成為更忠誠的顧客。儘管公司在每個電話上平均需要花 3.50 美元，但它會在新產品銷售和保修費用節省上得到 2～3 倍的回報。不列顛航空公司之所以在近年來成為世界一流的航空公司，很大程度上取決於他們採取的傾聽和解決客戶抱怨的新方式。不列顛航空公司的 CEO 科林·馬歇爾，上任後所做的第一件事就是在希思羅機場安裝攝影棚，使不滿的客戶能在機場直接向他抱怨。經過研究發現，那些沒有向不列顛公司訴說他們遇到問題的客戶，有 50%轉向其他公司，而那些向公司抱怨的顧客有 87%保持著對不列顛公司的忠誠。

2. 第二要點：是處理抱怨的及時性

　　企業不僅要鼓勵客戶抱怨而且應該有專門的制度、流程和人員來管理客戶抱怨，並明確抱怨受理部門在公司中的地位。首先明文規定處理抱怨的目的，使員工認識到處理好客戶抱怨的重要性。還應該採取實際行動表明自己對客戶抱怨的高度重視，及時處理客戶的投訴。福特公司為此制定的標準是 5 天之內對投訴做出回覆，20 天之內解決問題。進行服務恢復的最好時機是客戶抱怨的第一時間。相反，如果告訴客戶「這些問題不是我負責，我不太清楚」或者「你應該找某個部門來解決」，則可能加深客戶不滿的程度，即使企業後來做了較大的補償，也很難使客戶滿意。

3. 第三要點：是以顧客利益為最高利益

　　營銷界有句名言：顧客總是對的。但對許多公司來說，這只不過是說給顧客聽的，尤其關乎企業的利益得失時，總是將這些承諾拋在腦後。德國奧迪汽車公司的作風就與此大相徑庭，公司在幾年前因產品「突然加速」，造成 7 人死亡、400 人受傷的一連串事件而遭到控訴。有人在美國「60 分鐘」電視節目中抱怨，奧迪汽車在司機停車的時候會突然無故加速撞上前面的牆。對此奧迪辯解說，他們的研究結果表明問題都出在司機，他們強調每次都是有特殊身體特徵的司機才會發生意外，例如矮小的婦人。奧迪聲稱，車子突然加速是因為這些司機在想踩煞車時，誤踩了油門。從公司的角度而言，奧迪在此事上也許是無辜的，但單是「無辜」並不夠。奧迪的銷售量由 1985 年的 7.1 萬輛直落到 1987 年的 2.6 萬輛。對於這次事件的處理，奧迪毫無遠見，只發佈新聞說司機的失誤是唯一的原因，這使顧客感到被羞辱。他們認為，奧迪讓消費者駕駛危險的汽車，還企圖撒手不管，至此，奧迪還是一味否認，直到政府出面施加壓力才肯修改設計，這

次「突然加速」事件才就此打住。客戶對這種抱怨的辯解顯然不能容忍。

但仍有許多大公司在處理顧客抱怨中能夠把金錢放在次要的位置，不惜一切代價保自己的牌子和信譽。美國強生公司在一次危機處理中回收藥品、告知消費者等財務損失達 1 億美元。香港的「維他奶」，當其歐洲銷售的產品發生「變酸事件」後，立即銷毀了當地的全部產品，並請當地最有權威的研究所進行化驗，證明了「變酸」系少量無害細菌所致，不影響健康。為此，「維他奶」公司花去了 6600 萬港元處理費用 ，相當於公司半年的利潤。

客戶在與企業的溝通中，常常因為存在溝通障礙而可能產生誤解，但即使這樣，也決不能與客戶進行爭辯。當客戶抱怨時，往往是帶著情緒的，與其爭吵只能使事情或變得更加複雜，導致事態惡化，結果贏得了爭辯，卻失去了客戶和生意。

心得欄

‥‥‥‥‥‥‥‥‥‥‥‥‥‥‥‥‥‥‥‥‥‥‥‥‥‥‥‥‥‥‥‥‥‥‥‥‥‥

‥‥‥‥‥‥‥‥‥‥‥‥‥‥‥‥‥‥‥‥‥‥‥‥‥‥‥‥‥‥‥‥‥‥‥‥‥‥

‥‥‥‥‥‥‥‥‥‥‥‥‥‥‥‥‥‥‥‥‥‥‥‥‥‥‥‥‥‥‥‥‥‥‥‥‥‥

‥‥‥‥‥‥‥‥‥‥‥‥‥‥‥‥‥‥‥‥‥‥‥‥‥‥‥‥‥‥‥‥‥‥‥‥‥‥

‥‥‥‥‥‥‥‥‥‥‥‥‥‥‥‥‥‥‥‥‥‥‥‥‥‥‥‥‥‥‥‥‥‥‥‥‥‥

‥‥‥‥‥‥‥‥‥‥‥‥‥‥‥‥‥‥‥‥‥‥‥‥‥‥‥‥‥‥‥‥‥‥‥‥‥‥

5 客戶投訴處理流程

客戶投訴處理流程包括以下幾個步驟：

1. 記錄投訴內容

利用客戶投訴登記表詳細地記錄客戶投訴的主要內容，如投訴人、投訴對象、投訴要求等。

2. 判斷投訴是否成立

瞭解客戶投訴的主要內容後，要制定客戶投訴的理由是否充分，投訴要求是否合理。如果投訴不能成立，可以用婉轉的方式答覆客戶，取得客戶的諒解，消除誤會。

一個經營高檔品牌服飾的銷售公司，經常收到一些客戶的質量投訴，如衣服掉色、衣服多皺等，但是經過我們的認真調查，發現一些客戶根本就沒有按照要求洗滌和熨燙（有的衣服不能水洗、有的不能暴曬、有的不能乾洗等等），結果造成售後的一系列問題。針對這些問題，公司並沒有把責任推卸到客戶身上，而是認真尋找自身經營過程中的不足。

為此，我們首先向營業人員進行深入的溝通培訓，告誡營業員在與客戶溝通過程中一定要將產品的保養知識告訴客戶。同時，公司還積極地編輯衣服保養穿著方面的知識，與時尚緊密結合，創辦了內部刊物，郵寄給自己的客戶。如此一來，與客戶的溝通更加流暢，客戶投訴率明顯降低。

3. 確定投訴處理部門

根據客戶投訴的內容，確定相關具體受理單位和負責人。如屬運輸問題，交儲運部處理；屬質量問題，則交品質管制部處理。

4. 投訴處理部門分析投訴原因

要查明客戶投訴的具體原因及造成客戶投訴的具體負責人。

5. 提出處理方案

根據實際情況，參照客戶的處理要求，提出解決投訴的具體方案，如退貨、換貨、維修和賠償等。

80 年代的第一代電冰箱投入市場後，客戶對產品質量的投訴極多。經過公司認真細緻的調查，發現並不是產品的質量問題讓客戶不滿意，而是客戶看不懂說明書才引起了他們的不滿意。

於是很多員工就抱怨「客戶笨、素質低」，連說明書都看不懂。真是這樣嗎？經營者親自帶人調查，發現問題根源不是客戶笨，而是說明書太簡單，不適合消費者。

海爾公司冰箱引進的是德國技術，而當時德國普及冰箱，消費者使用不存在問題，因此產品說明書極其簡單，只有幾個圖示，幾乎沒有詳細的說明文字。海爾通過技術嫁接，說明書也原封照搬，只不過將德文變成了中文。顧客都是第一次接觸冰箱，說明書太簡單自然就看不懂了。

經營者借此在全廠展開討論，使全廠員工對「客戶永遠是正確的」有了深入的認識：不是客戶笨，也不是德國說明書有問題，而是我們不瞭解客戶，以致我們的銷售細節、服務舉措不到位。於是在最短的時間裏編出了通俗易懂的產品說明書，投放市場，客戶投訴馬上消失了。

6. 提交主管領導批示

對於客戶投訴問題，領導應予以高度重視。主管領導應對投訴的處理方案一一過目，及時做出批示，根據實際情況，採取一切可能的措施，換回已經出現的損失。

7. 實施處理方案

處理直接責任者，通知客戶，並儘快地收集客戶的反饋意見。對直接責任人和部門主管要按照有關規定進行處罰，依據投訴所造成的損失大小，扣罰責任人一定比例的績效薪資或獎金。同時對不及時處理問題造成延誤的責任人也要進行追究。

8. 總結評價

對投訴處理過程進行總結與綜合評價，吸取經驗教訓，提出改善對策，不斷完善企業的經營管理和業務運作，以提高客戶服務質量和服務水準，降低投訴率。

從某種意義上說，恰當地處理投訴是最重要的售後服務。一個企業不應該一方面花費數百萬元用在廣告和促銷活動上以達成交易和建立客戶忠誠度，另一方面卻又對客戶的合理投訴置之不理。有效地處理投訴的重要方法是設計合理的投訴表格，並且擁有一個有效的投訴處理制度。

在客戶投訴處理過程中，需要設計、填製、整理一系列的投訴管理表格，以幫助問題得以有序處理。下面是有關客戶投訴的管理表格，以供銷售經理、銷售部門或服務部門參考。

表 11-2　客戶投訴登記表

投訴客戶名稱			
投訴內容和客戶要求			
客戶聯繫位址和電話			
受理人意見：	質檢人員	銷售人員	備註

公司業務主管簽字：＿＿＿＿＿＿

表 11-3　某公司客戶投訴表

接待者：＿＿＿＿＿	投訴日期：＿＿＿＿＿	裝運日期：＿＿＿＿＿
客戶編號：＿＿＿＿＿＿＿＿＿＿＿		發票號碼：＿＿＿＿＿
客戶姓名：＿＿＿＿	電話號碼：＿＿＿＿＿	
傳　真：＿＿＿＿	地址：＿＿＿＿＿＿＿	

銷售人員姓名：＿＿＿＿＿＿＿＿＿

客戶部經理姓名：＿＿＿＿＿＿＿＿

投訴細節：＿＿＿＿＿＿＿＿＿＿＿＿＿＿＿＿＿＿＿＿＿
＿＿＿＿＿＿＿＿＿＿＿＿＿＿＿＿＿＿＿＿＿＿＿＿＿＿＿＿＿＿

第一次改進行動：＿＿＿＿＿＿＿＿＿＿＿＿＿＿＿＿＿＿＿＿
＿＿＿＿＿＿＿＿＿＿＿＿＿＿＿＿＿＿＿＿＿＿＿＿＿＿＿＿＿＿

第二次改進行動：＿＿＿＿＿＿＿＿＿＿＿＿＿＿＿＿＿＿＿＿
＿＿＿＿＿＿＿＿＿＿＿＿＿＿＿＿＿＿＿＿＿＿＿＿＿＿＿＿＿＿

改進行動人員：＿＿＿＿＿＿＿＿＿＿＿＿＿＿＿＿＿＿＿＿＿

投訴結果：＿＿＿＿＿＿　　時間：＿＿＿＿＿＿　　審核：＿＿＿＿＿＿

表 11-4　客戶投訴處理記錄表

受理時間：_____

受理方式：_____

接待人員：_____

參加人員：_____

現場勘測內容及處理意見：_____

_____

監理中心(簽字)：_____ ____年____月____日

投訴單位意見：_____

_____

投訴單位(簽字)：_____ ____年____月____日

被訴單位意見：_____

_____

被訴單位(簽字)：_____ ____年____月____日

表 11-5　客訴處理通知書

發文號：_____

客戶名稱		單位		經辦	
圖　　號					
訂單編號		問題發生單位			
訂購年月日		製造日期			
索賠個數		製造號碼			
索賠金額		訂購數量			
再發率		處理期限		年　月　日	
發生原因調查結果：		客戶希望： □換新品　□退款　□打折扣 □至客戶處更換　□其他：____			
		銷售部門觀察結果：			
公司對策：		公司對策實施要領：			
		對策實施確認：			

6 抱怨問題處理後的做法

1. 問題處理後的原則

客戶的抱怨或糾紛問題解決之後，會覺得不容易再以過去的心情和客戶進行洽談，但是，此後的營銷活動方式正是決定營銷員是否能受到肯定的一個分界點。有一個很重要的事實營銷員必須銘記在心，抱怨問題處理完後，營銷員的一切舉動都會受到所有相關者的注意，所以服務應比以前更上一層樓。

2. 問題處理後應持態度

· 以和過去相同的步調拜訪客戶。

· 不要逃避曾經讓自己碰釘子的客戶(會談者)。

· 不可突然變得膽怯，對客戶說的話言聽計從。

· 不要一面察言觀色一面進行洽談，經歷過痛苦的經驗後，有時會使人無法正確的觀看事物。

· 談的時候不要對客戶說事情的責任不在自己等一類話。在解決問題時忍著沒說的心理話，有時候會不經意地在事後吐露。這是要避免的，因為客戶知道事情的真相。

· 即使事件原因出於公司，也不可惡言批評引起原因的相關者。沒人會明知將引起抱怨、糾紛問題而故意去行動。

· 對從旁支援解決問題的相關者表示感謝。恭維性的口頭感謝每個人都會說，應要用行動上表述內心的感謝。

· 事後不對處理提出批判性的意見。意見應在不解決之前提出，

解決之後才提出的意見只能算是評論。

· 絕對不使同樣的抱怨、糾紛問題再次發生。有句話說「事不過三」，但是營銷活動卻不准有第二次的過錯。

· 將已發生過的客戶抱怨、糾紛問題整理歸類以作日後的行動上指標。

· 即使已事過境遷也不能因此漫不經心。隨著時間的過去就把肇事的言行忘了，這樣營銷活動有時會因此而敷衍了事。

表 11-6　客戶投訴處理表

日　　期	編　　號	營銷主管	責　任　人	承　辦　人	填　　表

投　訴　者	公司名稱		姓　　名	
	地　　址		電　　話	
投訴目的	品　　名		金　　額	
	項　　目		其　　他	
雙方意見	對方意見			
	本方意見			
調　　查	調查項目及結果			
	調查判定			
暫定對策				
最後對策				

發　生　的原　　因	1. 開發錯誤 2. 設計錯誤 3. 材料的錯 4. 原料錯誤 5. 作業錯誤	6. 檢查的錯誤 7. 使用已久 8. 處理不小心 9. 使用不慎 10. 其他	情節程度	重大 中等 輕微	備註

表 11-7　解決客戶抱怨時的檢討表

抱怨、糾紛問題概況		
客戶是否希望我方的上司共同前往解決？	□是　　　□否	
是什麼人提出這樣的希望？		
對方對我方上司的同行持什麼樣的期望？		
同行可以獲得怎樣的效果？		
及至目前為目的解決經過、狀況	營銷員請求上司同行是希望獲得什麼樣的支援	同行的最佳時機是何時
希望與客戶方面的什麼人會面？		
同行之前先取得公司內部的共識。		

心得欄 _____

_____

_____

_____

_____

_____

第十二章

重視大客戶

1 針對大客戶的服務管理

少數大客戶創造了企業絕大部份收入,大客戶的價值支撐了企業的價值。大客戶管理對企業極具戰略意義。

1. 大客戶管理

若想創造出一家超級公司,「你要建立起 20 個關係,用服務把他們保持住——不是一般的服務,不是好的服務,而是很特別的服務。你要盡可能預知他們的需求,而不是他們提出需求了,你才衝過去」。重點是,你要提供令人驚喜的服務,而不是出於職責的服務,也不採用當前業界共同的做法,這麼做也許會造成短期的支出,但長期來看,絕對值得。

為了增加市場佔有率,務必想辦法多提供產品或服務給這些核心客戶。一般來說,這不單是銷售技巧的問題,也不只是把現有產品多

賣一些給他們。雖然說針對常客舉辦的各類活動通常回店率總是很高，並且就短期和長期利潤來看都很高，但更重要的是在現有產品（或服務）上力求進步，或開發客戶需要的全新產品。可能的話，就與你的大客戶一同開發。

花大力氣保留住核心客戶，乍看似乎會使你的獲利受損，但過一段時間，一定會有實質性的收穫。

借著客戶多消費，可以增加短期獲利。然而，利潤只是一張「記分卡」，只有在事後才能測量出一家公司健全的程度。真正能測量一家公司健全度的是這家公司與其大客戶之間的關係。客戶對一家公司的忠誠度，在任何情況下都是刺激獲利的基本因素。

2.先建立完善大客戶基礎資料

要做好大客戶服務工作，首先要在紛繁複雜的客戶群中找準目標，辨別出誰是重要客戶，誰是潛在大客戶。其次，要摸清大客戶所處的行業、規模等情況，建立完善的大客戶基礎資料。同時，要依據資料提供的信息，對大客戶的消費量、消費模式等進行統計分析，對大客戶實行動態管理，連續對客戶使用情況進行跟蹤，為其提供預警服務和其他有益的建議，盡可能降低客戶的風險。

大客戶資料卡中的信息資料是客服人員在長期的工作中積累形成的，所以需要將客服人員手頭的各種關於客戶的資料分門別類地整理，從而建立大客戶資料卡。

透過對大客戶資料卡的管理，可以準確而全面地對大客戶進行信用分析，並有利於打破各部門對信息的壟斷，避免由於各部門缺乏有效交流而造成的對大客戶信息的閒置和浪費。

大客戶的資料卡建立後若置之不理，就會失去它本來的意義，因為大客戶的情況不是靜止不動的，所以大客戶的資料也應隨時加以調

整。剔除過去已經變化了的資料，及時補充新的資料，跟蹤大客戶的情況變化，使大客戶管理保持動態性。

大客戶資料的收集管理目的就在於服務過程中能對此加以運用，以便取得好的行銷業績。所以，在建立大客戶資料卡或管理卡後不能束之高閣，應以靈活的方式及時、全面提供給客服人員及其他有關人員，使他們能進行更詳細的分析，提高大客戶管理的效率。

鑑於大客戶資料的極端重要性，其資料不宜外洩，只能供內部使用。所以大客戶管理應確定具體的規定和辦法，應由專人負責管理情報資料的利用和借閱，使之成為企業制勝的法寶。

大客戶不僅包括現有核心客戶，而且還包括未來核心客戶。現有客戶是企業存在的基礎，未來核心客戶是企業發展的動力，都不應該忽視。企業客服人員應為企業提供新的客戶資料，選擇新的核心客戶，為企業進一步發展創造機會。

3. 發掘大客戶價值

為了進一步挖掘每一位大客戶的價值，企業必須向客戶銷售某一特定產品、服務的升級品、附加品或者其他用以加強其原有功能或者用途的產品或服務，即開展向上銷售。企業和客戶之間的關係是經常變動的，企業要盡力維持這種客戶關係以便展開銷售，使客戶的價值最大化。

企業必須保持與客戶的溝通，並不斷建立起品牌轉換壁壘，使客戶不願意或者不轉換購買或選擇其創始品牌的產品或服務。

企業的產品策略要根據客戶的需求不斷升級。這些產品與原來的產品有很大的相關度，企業要向客戶推薦這些升級產品或者附加產品。

不同的客戶對企業的價值都不一樣。不過，透過嚴格分析客戶贏

利能力的組成部份，企業能更清楚地瞭解大客戶的價值所在。通常從以下幾個方面分析客戶核心價值。

(1)年銷售額的計算

從理論上看，計算企業的銷售額很簡單，但如果企業和其客戶在不同國家，情況就變得複雜了，企業應把服務合約的價值或其他來源於客戶的間接收入計算入總銷售額。

一些擁有大量客戶的服務性企業也許會覺得無法確認單個客戶的銷售額。如零售商或速食連鎖店的經銷商可能擁有上百萬客戶，因而很難計算單個客戶在一年內的花費，但如果客戶每年的花費超過1000元，零售商值得建立一個客戶數據庫。

(2)總收入的計算

特殊客戶的總收入很容易計算，但企業必須確定酬金、返還折扣或促銷折扣。在對一家音響器材生產商進行分析時發現：一部份客戶得到額外折扣，總計超過銷售額的10%，結果導致一些小客戶得到與主要客戶同樣的購買價格，但許多這樣的小客戶是不能給生產商帶來利潤的。

(3)接觸成本的計算

企業必須仔細核算與客戶接觸、客戶服務相關的所有成本，這要求確認所有「直接花費」，如銷售和服務時間、免費樣品等。也要確認間接花費，如針對特殊客戶的研發、市場行銷、推遲付款產生的成本等。

(4)淨客戶利潤的計算

在瞭解實際收入和不同客戶服務成本的情況下，企業能夠評估不同客戶產生的利潤水準，將收入和服務成本相同的客戶可劃分為一組「客戶群」或交易管道。建立一個客戶等級表很有用，由此可以看到

那些客戶或客戶群排在前面，那些排在最後，為什麼有些客戶需要比別的客戶高幾倍的接觸成本？為什麼有些客戶比別的客戶給企業帶來更多的利潤？

(5)合作關係持續時間的計算

預期合作關係持續時間對確定客戶價值至關重要。客戶在整個關係生命週期的價值非常大，只有透過對整個客戶關係生命週期的評估，才能準確估計客戶的總體價值。可以按下述方法預測客戶關係生命週期：

- 計算客戶關係生命週期平均時間，如 1 年、3 年、5 年、10 年或 15 年。
- 進行客戶調查，以確認客戶將來在公司再次購買商品的贏利性。
- 要求銷售人員進行一次簡單的客戶交易評估，例如，客戶在市場中屬於那一類型，客戶新的需求等。

(6)客戶預期贏利的計算

企業在估計出客戶關係週期和淨利潤之後，可以將兩項相乘，從而計算客戶預期總利潤。未來贏利應將公司內部資金成本計算在內。

2 服務大客戶

在確認了企業的大客戶後，鑑於大客戶的特殊性、重要性，企業就有必要針對大客戶開展特殊的服務或個性化的服務，如建立 VIP 俱樂部等。

1. 大客戶服務隊伍的建立與考核

為更好地服務大客戶，企業可設置專門的大客戶服務機構，如大客戶服務中心或大客戶市場部(針對企業大客戶的服務部門一般叫 KA 市場部)等，當然，是否建立大客戶服務中心要視企業的規模而定。小規模的企業，客戶數量較少，大客戶則更少，對大客戶的工作，企業主管人員親自來抓就可以了；如果企業的大客戶有 20 個以上，那麼建立大客戶服務中心就很有必要了。

大客戶部門是企業的視窗，是企業面向客戶的前沿，作為代表企業直接接觸市場的前沿力量，人員素質直接影響企業的競爭力。完善服務工作的考核制度，形成崗位有責任、責任有目標、目標有考核、考核有獎懲的激勵機制，從而最大限度地激發大客戶經理為大客戶服務工作的積極性和責任感。

(1)大客戶部在公司的地位

大客戶部在公司的地位主要取決於公司對大客戶開發和維護的決心，大客戶部卻因為掌握著關係企業生存命脈的顧客而顯得重要。因為大客戶的管理和普通客戶的管理是不同的，所以這個部門經常都獨立於行銷體系中的區域管理制度，直接歸屬總經理或成立大客戶事

業部的總經理管理，大客戶部在和公司其他如財務、物流、市場、採購等部門的溝通協調中享有特權。

⑵大客戶部的成員組成

做好大客戶關係管理需要廣泛的技能與能力。除了具備銷售人員的基本能力之外，還必須能夠進行戰略策劃、管理變革與創新、做好項目管理、精確分析和監控、幫助客戶開發自身市場等。沒有一個人可以全知全能，為此，企業需要建立專門的大客戶服務團隊。其成員要求都是某一領域的專家，其成員包括首席談判家、法律顧問、財務專家、高級培訓師、技術工程師、大客戶開發經理、市場調查分析員、CS、CRM 專員等。

與大客戶建立全面的關係是贏得大客戶的一個有效途徑，這裏介紹四種影響大客戶關係的因素。

⑴信任

信任是大客戶關係的基礎，建立信任的途徑包括：

① 積極解決共同的問題。

② 舉辦社會活動以及娛樂活動。

③ 對大客戶進行開放式的交流。

④ 高層管理者時刻關注大客戶發展。

⑤ 進行高頻率的接觸。

⑥ 積極履行承諾。

⑦ 進行情感投資。

⑧ 組織各個層次的人到企業參觀。

⑨ 支援客戶的特殊活動。

⑩ 對大客戶將要面臨的問題給予警示。

(2)競爭對手

競爭對手的存在也是威脅企業與大客戶關係的重要因素，可以透過製造進入障礙和鞏固退出障礙來限制競爭對手，鞏固與大客戶的關係。

(3)製造進入障礙

所謂製造進入障礙是指使得競爭對手難以與某特定大客戶建立起交易關係，從而達到加強我方與大客戶關係的目的。製造進入障礙的具體途徑是：

①與大客戶建立關係網絡。

②與大客戶保持電子聯絡。

③提供出色的產品及應用。

④制訂競爭性低價。

⑤與大客戶共同制訂長期合作計劃。

⑥與大客戶的創新隊伍保持密切接觸。

⑦為大客戶提供基於全面業務的定價策略。

(4)鞏固退出障礙

鞏固退出障礙是指從大客戶角度出發，透過各種措施使得我方成為大客戶不可或缺的供應商，使其不能選擇競爭對手的產品。鞏固退出障礙的方法是：

①形成客戶俱樂部。

②鼓勵企業內交易。

③對大客戶給予財務上的支援。

④為大客戶提供融資方案。

⑤讓大客戶產生技術依賴。

⑥給大客戶優先配給權和銷售折扣。

⑦為大客戶開發獨特的設計組合和工具。

⑧給予大客戶特殊的培訓支援。

2. 合作性風險

在企業進行項目合作時，就要共同承擔合作性風險，這種具有風險性的合作關係，能夠使企業與大客戶形成利益統一體，從而達到提升與大客戶關係的目的。當然，如果企業不善於做好風險的防範和控制的話，風險也可能帶來損失，給大客戶關係帶來嚴重的威脅。

3 戴爾公司如何服務大客戶

戴爾公司認為，大客戶銷售額是公司銷售額和利潤的主要來源。

關於大客戶的競爭，戴爾認為從根本上說是模式的競爭，是整個公司系統的競爭。戴爾的直銷方式與大客戶的要求非常契合。在戴爾，直接客戶的真實需求是所有事件的引發點──部件準備取決於銷售預測，生產線是否運轉取決於客戶訂單，客戶經理考核的主要內容幾乎全部與訂單有關（各種產品的銷售額、利潤、其他銷售獎勵等）。

由於行業解決方案不在戴爾公司業務範圍計劃之內，因此，戴爾的客戶細分不是根據行業，而主要是根據客戶規模。戴爾基於對單一客戶所佔的市場比率（wallet share）、客戶保持率（retention rate）等因素，根據客戶銷售成長情況將客戶細分為獲得階段、拓展階段、保持階段。戴爾採用這種方法進行客戶細分的目的在於：合理地分佈自己的資源──外勤銷售人員和內勤銷售人員的比例，每個技術支援

工程師負責的客戶個數等；準確地進行銷售預測；選擇合適的銷售人員，制定恰當的銷售策略和折扣政策。

開拓新客戶的成本是留住老客戶成本的 6 倍。因此戴爾極重視維護老客戶，關注客戶的忠誠度（客戶保持率），讓老客戶產生更大的價值。維護老客戶關係的方式如下：

(1)享受大客戶訂購主頁、呼叫中心專線。戴爾為老客戶（大客戶）定制安裝了專門的主頁，使他們在與戴爾協議的基礎上直接享受一定的折扣；在網上下單，訂購戴爾產品，還為大客戶開通呼叫中心銷售專線。

(2)多層面的客戶關懷。內勤銷售人員主要負責老客戶的客戶關懷，她們定期給客戶寄送資料，定期電話訪問客戶，徵詢他們對產品及服務的意見。透過這種方式得到客戶新的購買計劃後，內勤銷售人員再通知外勤銷售人員進行面對面的交流。

(3)白金客戶待遇。為了鞏固客戶關係，切實解決大客戶的實際問題，每年戴爾都要組織在全球銷售量前 5 名的客戶（稱之為白金客戶）出國召開一個全球會議，討論他們與戴爾合作遇到的問題。戴爾負責當場或定期給出解決辦法。

(4)超級大客戶待遇。對於超級大客戶（global），戴爾往往有幾個銷售人員長駐在客戶那裏，幫助他們尋求更好的 IT 解決方案，甚至會走訪客戶的客戶，以為客戶提供更好的服務，同時也比客戶更早地知道他們的需求。

大客戶銷售過程的管理。部份大客戶採取網上銷售（定制主頁），客戶在網上直接下單，按照與戴爾的協議，享受一定的折扣，有固定的付款方式。一般大客戶銷售流程是：外勤銷售人員提出價格建議一超出銷售人員價格權限的價格折扣由具有審批權限的人批復——內

勤銷售人員向系統輸入信息，根據各部門(產品、法律、財務)回饋做出報價單、合約或標書——向客戶確認(合約或投標書用 EMS 傳遞)——收款(現金匯款或信用證方式，80%用戶能夠滿足戴爾要求)——系統各條件滿足，上生產線。在特殊情況下也有可能會對部份大客戶開特例：大客戶訂貨後，先付一部份定金，規定貨到付款或分期付款。

　　「少花錢多辦事，少勞碌多獲利」是企業經營的夢想。大客戶是企業客戶集合中投入/產出存在最優比的客戶群，所以如何制勝大客戶是所有企業要考慮的首要問題。

4 建立重點客戶管理環境

　　是否必要建立重點客戶管理部，要視企業的規模而定。對於規模小一點的企業，客戶數量較少，重點客戶則更少。如果建立重點客戶管理部，就要增加人手和開支，會給企業帶來負擔，營銷主管親自來兼任就行。對於大一點的企業來說，要求發展和壯大，重點客戶管理部的存在是很有意義的。如果企業的重點客戶有 20 個以上，就應該建立重點客戶管理部。

　　設置專門的重點客戶服務機構，如重點客戶服務中心或重點客戶市場部等，制訂重點客戶服務工作管理方法，為重點客戶提供專業的、及時的、人情味的優質服務，以建立起企業與重點客戶之間長期的合作、共榮關係。

要抓住重點客戶的心，使之成為穩定的合作夥伴，應建立重點客戶管理，並制定如下的重點客戶管理策略：

1. 優先保證重點客戶貨源充足

重點客戶的營銷量較大，優先滿足重點客戶對產品的數量及系列化的要求，是重點客戶管理部的首要任務。尤其是在營銷上存在淡旺季的產品，重點客戶管理部應主動出擊，隨時瞭解重點客戶的營銷與庫存情況，及時與重點客戶就市場發展趨勢、合理的庫存量及客戶在營銷旺季的需貨量等問題進行商討，營銷旺季到來之前，協調好生產及運輸等部門，保證重點客戶在旺季的貨源需求，避免出現因貨物斷檔導致客戶不滿的情況。通過這些方式，既可以有效安排本企業的生產，又可博得重點客戶的歡心。

2. 充分激起相關因素

充分激發重點客戶中的一切與營銷相關的因素，包括其最基層的營銷員。許多營銷人員往往容易陷於一個錯誤觀念，那就是：只要處理好與客戶的中、上層主管的關係，就萬事 OK，就等於處理好了與客戶的關係，產品營銷就暢通無阻了，而忽略了對重點客戶的基層營業員、營銷員的工作。雖然重點客戶中的中上層主管掌握著產品的進貨與否、貨款的支付等大權，處理好與他們的關係固然重要，但產品是否能夠營銷到客戶手中，營銷量能否提高卻取決於基層的工作人員如營業員、營銷員、倉庫保管員的努力，特別是對一些技術性較強、使用複雜的大件商品，重點客戶管理部更要及時組織對客戶的基層人員的產品培訓工作或督促、監督營銷人員加強這方面的工作。充分激起重點客戶中一切與營銷相關的因素，是提高重點客戶營銷量的一個重要舉措。

3. 新產品的試銷

　　新產品的試銷應首先在重點客戶之間進行。重點客戶相對於其他的客戶，有較強的實力，在它所在的地區對該產品的營銷也就有了較強的商業影響力。重點客戶在對一個產品有了良好的營銷業績之後，很容易帶動當地的營銷。新產品在重點客戶之間的試銷，對於搜集客戶及客戶對新產品的意見和建議，具有較強的代表性和良好的時效性，便於生產企業及時作出決策。在新產品試銷前，重點客戶管理部應提前做好與重點客戶的前期協調與準備工作，以保證新產品試銷能夠在重點客戶之間順利進行。

4. 充分關注重點客戶

　　重點客戶作為生產企業市場營銷的重要一環，重點客戶的一舉一動，都應該給予密切關注，得用一切機會加強與客戶之間的感情交流。例如，客戶的開業週年慶典，客戶獲得特別榮譽，客戶的重大商業舉措等，重點客戶管理部都應該隨時掌握信息並報請上級主管，及時給予支援或協助。

5. 安排企業高層主管對重點客戶拜訪

　　一個有著良好營銷業績的企業，其營銷主管每年大約要有 1/3 的時間是在拜訪客戶中度過的，而重點客戶正是他們拜訪的主要對象。通過營銷主管和重點客戶高層管理人員的交流有助於統一思想，協調工作，取得更好的業績。所以，重點客戶管理部的一個重要任務就是為營銷主管提供準確的信息、協助安排合理的日程，以使營銷主管有目的、有計劃地拜訪重點客戶。

6. 幫助重點客戶設計促銷方案

　　每個客戶都有不同的情況，區域的不同、經營策略的差、營銷專業化的程度等等；為了使每一個重點客戶的營銷業績都能夠得到穩步

的提高，重點客戶管理部應該協同營銷人員、市場營銷策劃部門，根據客戶的不同情況與客戶共同設計促銷方案，使客戶感受到他是被高度重視的，他是你們營銷管道的重要因數。

7. 徵求重點客戶意見

市場營銷人員是企業的代表，是企業與重點客戶聯繫的最前沿，他們工作的好壞，是決定企業與客戶關係的一個至關重要的因素。由於市場營銷人員的文化水準、生活閱歷、性格特性、自我管理能力等方面的差別，也決定了市場營銷人員素質的不同，重點客戶管理部對負責處理與重點客戶之間業務的市場營銷人員的工作，不僅要協助，而且要監督與考核，以提高其服務水準。對於工作不力的人員要據實向上級主管反映，以便人事部門及時安排合適的人選。

8. 對重點客戶制定適當獎勵政策

營銷的最終目的在於利潤，企業和重點客戶合作要達到的也是雙贏。生產企業對客戶採取適當的激勵措施，如各種折扣、合作促銷讓利、營銷競賽、獎金等等，可以有效地刺激重點客戶的營銷積極性和主動性，作用尤其明顯。重點客戶管理應負責對這些激勵政策的落實。最近，某集團就拿出 40 輛轎車和 600 萬元現款重獎營銷大戶及個人。

9. 保證與重點客戶信息傳遞

重點客戶的營銷狀況事實上就是市場營銷的「晴雨表」，決定著企業產品是否調整。把握了重點客戶營銷情況就可及時作出決策，減少損失。重點客戶管理部很重要的一項工作就是對重點客戶的有關營銷資料進行及時、準確地統計、匯總、分析，上報上級主管，通報生產、產品開發與研究、運輸、市場營銷策劃等部門，以便針對市場變化及時進行調整。這是企業以市場營銷為導向的一個重要前提。

10.與重點客戶組織座談會

　　每年組織一次企業高層主管與重點客戶之間的座談會，聽取客戶對企業產品、服務、營銷、產品開發等方面的意見和建議，對未來市場的預測，對企業下一步的發展計劃進行研討等等。這樣的座談會不但對企業的有關決定因素非常有利，而且可以加深與客戶之間的感情，增強客戶對企業忠誠度。

心得欄

第十三章

數據庫是潮流重點

1 會員數據庫是企業的制勝法寶

一、為什麼要建立客戶數據庫

建立詳細而準確會員信息的數據是一種有效的戰略武器,它決定了企業未來的成敗。因為這些會員數據不僅可以用於會員制營銷活動,還可以支援企業的其他部門,為他們提供業務所需要的信息。

實行會員制營銷的目的在於培養客戶忠誠,留住每一位客戶,以帶來更多的後續購買行為,實現該目的的關鍵是千方百計地提高客戶的滿意度。要提高顧客的滿意度,就必須瞭解與掌握客戶需求的各種信息,以制定更有針對性的營銷策略及開展營銷活動。建立客戶數據庫,是分析、維護好屬於企業自己的「自留地」的一種有效方式。

企業通過建立客戶數據庫,在處理分析的基礎上,可以研究客戶

購買產品的傾向性，當然也可以發現現有經營產品的適合客戶群體，從而又可針對性地向客戶提出各種建議，並更加有效地說服客戶接受企業銷售的產品。

美國航空公司設有一個旅行者數據庫，記憶體 80 萬人的資料，公司每年以這部份顧客為主要對象開展促銷活動，極力改進服務，與之建立良好關係，使他們成為公司的穩定客戶。據統計，這部份顧客平均每人每年要搭乘該公司航班達 13 次之多，佔公司總營業額的 65%。

建立客戶數據庫的理由顯而易見，隨著市場競爭的激烈程度與日俱增，企業自己的客戶群體已經成為企業賴以生存的基礎。不能很好地跟蹤客戶的變化，不能提前研究出客戶的發展態勢，就很難把握好向已有客戶銷售的時機。

例如，客戶今天買進了一台鐳射印表機，那麼三個月之後，這個客戶就可能需要購買硒鼓，如果沒有隨時跟蹤的數據庫，那麼，最好的結果是這個客戶向你提出購買要求，糟糕的結果是客戶從其他的經銷商手中購買了硒鼓，為什麼你不能在數據庫的提醒下，在客戶購買之前就主動地提出購買建議而使客戶感受一次被呵護的服務呢？

總的來說，建立客戶數據庫能為企業帶來以下好處：

⑴可以幫助企業準確地找到目標消費群體。

⑵幫助企業判定消費者和潛在消費者的消費標準。

⑶建立與運用消費者數據庫，可以及時把握顧客需求動態，為企業開發新產品提供準確的信息。

⑷幫助企業在最合適的時機、以最合適的產品滿足客戶的需要，從而降低成本、提高銷售效率。

⑸幫助企業結合最新信息和結果制定出新策略，以增強企業的環

境適應能力。

⑹發展新的服務項目，促進企業發展，並促使購買過程簡單化，提高客戶重覆購買的概率。

⑺運用數據庫建立企業與消費者的緊密聯繫，建立穩定、忠實的客戶群體，從而穩定與擴大產品的銷售市場，鞏固與提高產品的市場佔有率。

二、會員與數據庫的關係

忠誠夥伴是德國最大的獎勵計劃，由來自幾十個不同行業的公司組成。客戶要成為會員，就必須在申請表上提供諸如個人收入、擁有幾個孩子等個人資料。有超過 50%的客戶會提供這種個人信息而成為會員，這些信息在參加獎勵計劃的公司間共用，而關於會員購買行為等方面的其他資料也會被提供。

1. 會員更願意提供詳細真實的信息

與一般的客戶相比，會員更加願意與發起公司分享個人信息並提供大量的數據，因為會員與忠誠計劃和發起公司有著密切的關係。因此，客戶忠誠計劃是收集重要客戶信息的理想工具：

⑴會員與忠誠計劃和發起公司關係密切，並信任他們；

⑵為了維護自身的利益，會員默許並期望企業能維護這種類型的數據庫；

⑶會員提供的姓名、聯繫方式等重要資料真實性強、錯誤率低；

⑷通過忠誠計劃收集的信息比其他方式收集到的信息更容易和全面；

⑸不但可以收集到會員的個人信息，還可以收集到產品使用、購

買型號和購買頻率等方面的信息；

⑹可以及時更新會員的變動信息。

2. 數據庫內的會員數據很有價值

美國福克斯兒童網路公司(Fox Kids Network)的福克斯兒童忠誠計劃，它對忠誠計劃的會員做了詳盡的分析。這次分析活動是由美國福克斯兒童網路公司發起、美國電腦集團和西蒙市場調研局實施進行的。它們得到了非常詳盡的信息：

- 有 63.6%的會員年齡在 5~11 歲，平均年齡是 9.7 歲；
- 性別分佈是男女各佔 50%；
- 有 47%的會員父母家庭年收入超過 40000 美元，有 22%的會員家庭收入超過 60000 美元；
- 有 63%的會員父母中至少有一人是大學或研究生畢業；
- 可以通過它們看電視的習慣和愛好等得到進一步的信息。

對於生產商和廣告商來說，以上信息形成了非常有吸引力的目標客戶群，因為它們具有非常強的購買力。與一般的美國兒童相比，福克斯兒童忠誠計劃的會員中：

- 74%的會員更想擁有電子遊戲機；
- 50%的會員更希望每週有 6 個小時或更多的電視遊戲時間；
- 在過去的 90 天內，有 15%的會員更願意去看電影；
- 有 23%~64%的人更喜歡去速食店吃飯，這取決於他們吃什麼；
- 有 44%的人更喜歡參加團體性的體育活動。

而且數據庫的資料還顯示，兒童忠誠計劃雜誌的讀者中，90%的人有自己的零用錢，有 22%的人每週的零用錢超過 5 美元。

福克斯兒童忠誠計劃擁有 550 萬名會員，而且每週大約有 10000 名新會員加入，以上這些詳細的信息很有代表性和價值，即使它不能

完全代表整個客戶群體。

　　企業收集到的這些會員數據不僅可以用於會員制營銷活動中，還可以支援企業的其他部門，為他們提供業務所需要的信息。但同時也必須注意要慎重使用這些數據，以保護會員不會被過量的溝通和提供品所困擾，從而導致他們與企業疏遠。

三、會員數據庫的內容

　　會員數據庫是企業的重要財富，它使競爭對手要侵佔你的市場佔有率、搶走你的顧客變得更加困難。要建立會員數據庫，就必須進行會員數據採集，會員數據的採集是建立會員數據庫最基礎和最重要的工作。

　　會員數據採集應該收集那些數據？也就是應該把什麼樣的數據信息放進客戶數據庫呢？一般來說，會員數據庫應該包含個人數據、位址數據、財務數據、行為數據、共用數據等五個方面的信息。

1. 個人數據

　　會員數據庫應該包含會員編號、姓名、年齡、職業、收入階層、工作性質、健康狀況、入會時間、會員級別、消費記錄等所有會員的相關信息。這些信息可以幫助企業對會員進行消費行為分析，以便能提供具有個性化的產品和服務。

　　如果錄入數據的會員是企業會員，那麼存儲的信息應該包括：企業名稱、工作描述(客戶主要業務)、部門或分公司、直撥電話號碼、傳真號、電子郵件位址、法人代表或採購負責人(也就是採購的最終決策者)、個人通信數據(有關的聯繫人)等。

2. 地址數據

位址數據是企業與會員進行聯繫的關鍵，同時，它還有助於分析會員的區域分佈，下面是我們應該掌握的有關消費者的位址信息：

⑴公司全名、縮寫、詳細通信地址；

⑵主要電話號碼、主要傳真號、電子郵件位址；

⑶公司類型代碼（母公司、分公司、分支結構、獨立商戶等）、母公司詳細資料（有關的）、地區代碼、經營領域（採礦業、製造業、化學工業等）；

⑷主要產品或服務、僱員人數、營業額級別；

⑸銷售區域（省城市場或其他地市級城市）；

⑹傳媒區域覆蓋區域（電視、報紙廣告的覆蓋區域）。

3. 行為數據

行為數據是有關會員與企業交往的歷史記錄，它能告訴你會員過去做過什麼，每次購買貨款的多少，以及購買的時間和頻率、購買地點、購買原因等，例如：

⑴回應類型：不僅包括訂貨、詢問，還包括對調查活動、特價品、競賽活動的反應等；

⑵做出上述回應的日期、回應頻率、回應方式（電話、傳真、郵政、電子郵件等）；

⑶每次與客戶或潛在客戶進行接觸的時間和方式（信件、電話、人員往來、參加展覽會等）；

⑷每次購買的地點、時間、頻率、數量、品牌等。

總之，會員數據庫應根據為直銷活動服務的原則收集登記數據。

4. 財務數據

企業需要弄清楚會員能否付出貨款以及是否願意付款，因此，財

務數據應包括：

- 帳戶類型；
- 第一次訂貨日期；
- 最近一次訂貨日期；
- 平均訂貨價值及供貨餘額、平均付款期限。

四、數據收集的兩大途徑

對於實行會員制營銷的企業而言，收集客戶數據資料的來源主要有兩個方面：一是企業自身經營過程中獲得的現有客戶數據，二是通過第三方獲得的潛在客戶數據。

1. 利用會員卡收集會員信息

這部份數據是最重要、最真實的，同時也是企業投入成本最多的數據資料。這些資料的獲得需要較長的時間，需要花費較多的精力和資金。因此，這部份資料的管理和開發，是企業至關重要的部份，也是建立客戶數據庫最根本的需求。

(1)會員入會申請資料

從會員最初進行會員登記時的各種申請資料上，企業已經獲得消費者的一些基本信息，包括消費者性別、年齡、職業、月平均收入、性格偏好、受教育程度、居住範圍等，這些信息對於企業針對客戶進行個性營銷分析提供了可靠的依據。

(2)會員卡消費記錄

會員在持會員卡進行消費結算時，通過讀卡機讀取會員卡，客戶關係管理數據庫就會保存該持卡人的消費記錄信息，並且將會員此次消費商品的品牌、型號、價格、數量、消費時間等信息都記錄下來，

為企業以後的增值服務提供可靠的信息。

這些重要信息是企業完善會員卡系統進行客戶關係管理的第一步，也是關鍵一步。沒有這些信息，在以後的活動中就不能進行準確的定位，就不能進行任何人性化的、個性化的服務。

(3) 經營過程中的其他方式

數據收集的途徑比較多元化，企業經營過程中舉辦的各種促銷、研討會、講座、市場調研等活動都可收集顧客信息。收集途徑包括：通過自營店、分銷商、促銷反饋、有計劃的調查等；收集方法包括：顧客服務卡、展銷會資料、報紙雜誌等，最終形成文字檔案加以管理和分類。

①電話銷售、客戶面談、老顧客介紹等。

②利用抵用券等促銷：將抵用券贈送給購買金額在一定數量以上的顧客，領卡或使用抵用券時必須填好住址、姓名、年齡等信息。

③市場調查活動：通過與產品功效相關的調查，回收問卷收集參加者的資料，因為問卷上設有住址、姓名、年齡、職業等欄目。

2. 從第三方收集潛在客戶信息

通過第三方可以獲得相關的潛在客戶數據，例如，從行業協會獲得的調查數據、有關機構的調查結果、專業調查公司的數據等。這些數據中的客戶大多數是潛在的客戶，同時由於獲得者無法在購買前完全獲知資料來源的真實性，因此，許多數據是不真實的，需要做抽樣調查，從而提高數據的有效度。

· 黃頁
· 各類媒體
· 展覽會
· 行業協會

五、利用數據庫管理建立客戶忠誠

會員數據庫是一種行之有效的客戶關係管理模式，通過這種模式，可以鎖定客戶、細分客戶，並給予優質客戶——消費次數多、消費金額大的客戶——以一定的獎勵和價格折扣。客戶管理的核心是抓住客戶，這個「抓」字包含三層意思：

第一層是發現有效的客戶需求；

第二層是留住客戶進行消費；

第三層是留住客戶的心，形成客戶忠誠。

數據分析看起來很簡單，但留住客戶的策略措施卻不簡單。營銷者能否分析出大多數忠誠客戶的共同特點，取決於它有無能力建立客戶群體輪廓，掌握不同類型客戶的購買力。根據這些共同特點尋找和贏得新客戶，就會節省營銷經費。

管理數據庫、對數據庫進行分析歸類，有助於掌握客戶的需要，並使企業做出相應的改進，還有機會發現離你我而去的客戶，從他們身上獲得經驗教訓。

1. 通過客戶概況分析客戶忠誠度

數據庫能幫你認識到那類客戶是應該維繫的，那類客戶很可能離你而去。這種方式幫你向合適的客戶傳遞最佳的信息。商家需要從客戶那裏得到那些信息呢？又如何來區分客戶的好與不好、忠誠與不忠誠、有利可圖與無利可圖？

(1)首先識別忠誠客戶

衡量客戶忠誠度的信息來自於數據庫。數據庫是經過整合的歷史信息，特別是數據庫保留著過去與客戶交易的信息。如果設立合理的

話，數據庫會提供如下的信息：客戶在什麼時候首次要求成交；客戶參與購買的頻率如何；客戶採用什麼服務；客戶什麼時候接受服務。

　　功能全面提升的數據庫會提供更多的客戶信息，包括年齡、性別、個人信息、經濟信息、家庭位址、家庭狀況、職業等。

　　數據庫在相當長的時間裏記載整合信息。變數會隨著時間而改變，當變數發生改變時，新的記錄如快照一樣迅速被加入數據庫來反映這些變化。如此，數據庫中的數據從不更新，而用一系列的快照來建立對所有變化的記錄。這樣就在數據庫內部構造了完備的歷史記錄。

　　在判斷客戶忠誠與不忠誠的時候，這種經過整合的、具體的、歷史性的數據真正起著重要的作用，歷史數據的真實價值在現實模式應用當中便會凸現。歷史數據經由分析、綜合與應用，成為建立記錄概況的基礎，這種概況的記錄為實際運行做好了充分的準備。

(2)分析客戶的忠誠度

　　第一步，建立客戶忠誠分析的環境，旨在發現那類客戶曾經是忠誠的或曾經是不忠誠的。這種信息通過對數據庫進行簡單的分析就可以得到。

　　第二步，收集並分析這些客戶的記錄，然後得出他們所共有的特徵。可能會得出如下的分析：忠誠客戶是否居住在一個特定的地區？不忠誠的客戶是否大多是中年婦女？忠誠客戶是否喜歡在週末購買？不忠誠的客戶是否不經常接受服務？忠誠客戶做什麼？不忠誠客戶擁有自己的住房嗎？

　　第三步，通過各種方式準確地瞭解忠誠與不忠誠客戶的特徵。可能婦女比男人更忠誠，老年人比年輕人更忠誠，大學畢業的人比非大學畢業的人更忠誠，等等。

第四步，收集並分析完忠誠與不忠誠客戶的種類之後，下一步就是要建立概況。概況就是忠誠與不忠誠客戶的相關關係。

①忠誠客戶：男，35～45歲，工薪階層，擁有自己的房子。

②不忠誠客戶：女，18～26歲、45～60歲，失業，租房。

這樣關於忠誠與不忠誠客戶的概況就建立起來了。

(3)採取行動

數據庫當中的記錄用不同的符號代表不同的類型，如「D」代表不忠誠客戶、「I」代表忠誠客戶。你要能夠一下子說出有多少客戶處於成為與不成為你的忠誠客戶的邊緣。知道誰有可能成為公司的忠誠客戶，會讓你的公司盡一切可能把處於邊緣的客戶掌握住。

以預測為基礎，公司能夠採取行動把處於邊緣的與看起來不會忠誠的客戶變成忠誠客戶。其他公司將很難從一個知曉其客戶為何會成為忠誠客戶的公司手中搶走客戶。

一旦你擁有了有關客戶忠誠的知識，你就會使網上傳送的信息多樣化。對忠誠客戶傳送一種信息，而對潛在的非忠誠客戶可以發送形式各異的信息。每種信息都針對一位客戶的偏好，但最重要的就是知道客戶的態度與行為。擁有這樣的基礎，所有的業務都可能成為現實。

2. 客戶概況分析的現實應用

通過線上的數據收集與定期更改所得出的對客戶概況分析，對於我們在現實當中提升客戶滿意與維繫忠誠起著至關重要的作用。

(1)幫助商家明確認知客戶的滿意度與忠誠度

客戶的滿意度與忠誠度是兩個不可量化的指標。由於種種原因，現今的商家大多只是設立網上問卷，然後得出一般的定性結論，而缺乏一套嚴密、令人信服的量化分析方法。利用這種客戶概況分析，國外現今已實施了對客戶的滿意度與忠誠度進行量化考核的指標。

美國密歇根大學商學院教授、CFI 國際集團董事長福內爾（Claes Fonell）創立的「美國客戶滿意度指標（ACSI）體系」。這套體系為我們提供了一個衡量企業整體經營狀況、支持企業決策的強有力工具。

(2) 找準目標受眾體，識別忠誠客戶

許多商家共同犯的一個錯誤就是不斷地擴大自己的客戶範圍，不斷地做各種各樣的營業推廣，試圖留住所有的客戶，但卻忘記了「不可能留住所有客戶」的原則。

要清楚這些客戶能否讓你贏利，然後清除那些不想要的客戶。經過一段時間的重點培養之後，在所選擇的目標受眾體當中應該能夠識別出那些人真正成為了你的忠誠客戶，甚至要進一步明確這些忠誠客戶對於商品的忠誠度所處的層次。線上數據庫基礎上所得出的客戶概況分析就恰恰幫助商家做到了這一點。

(3) 有利於實施主流化營銷

現在，越來越多的商家開始應用主流化營銷戰略。實施這一戰略的廠家以免費贈送的形式使客戶大量使用一種工具性的產品（主要是應用軟體），並形成一種由相容所造成的規模（如 WORD、EXCEL 等軟體作業系統）。

客戶熟悉這種產品的使用過程，也就是被商家鎖定的過程，商家通過對產品升級、相關產品的收費等形式來獲得利潤，而消費者因為使用的轉換成本比較大，所以不得不接受這種產品由免費變成收費的事實。電子郵箱由免費到收費就是一個例子。

主流化營銷的戰略是在傳統營銷模式下不能想像的商務形式，電子商務的出現使其成為了可能，並牢牢地抓住了市場。利用線上的客戶概況分析可以獲取一大部份客戶的信息源，並且可以把這些客戶進一步地培養成為企業的忠誠客戶。

(4)有利於建立有效的客戶關係管理

首先要建立基於客戶關係的 CRM 系統,在初次以郵寄的方式發出廣告後,根據客戶的反饋由 CRM 系統決定效果最好的那份廣告和細分市場,也就是找出最可能購買產品的人(市場細分)以及如何識別潛在用戶(細分定位)。當 CRM 系統識別出潛在用戶之後,會將相關內容和產品服務信息傳輸給這些潛在用戶。

會員制、一對一市場營銷與頻率營銷都是通過創建客戶的網上數據庫實現的。這幾種方法都是在對客戶有一定的數據跟蹤的條件下進行的商務活動。會員制向會員提供優惠,使成為會員的客戶情感有所歸屬;起源於美國航空的頻率營銷一般是以累計積分的形式來培養客戶的忠誠度;而一對一的市場營銷其實是消費者個性化的產物,能夠滿足顧客對產品、價格、運送與服務的個性化要求。

(5)強化企業的信任度,建立良好的客戶口碑

提升客戶忠誠度失敗的很大一部份原因是,永遠只從自身的利潤出發來培養客戶的忠誠度。這樣,去掉名目繁多的營銷手段的偽裝之後,客戶看到的是商家伸向他們錢包的手。

如果想真正拴住忠誠客戶,商家首先要做的是從客戶的心理出發,真正為客戶著想。同時也只有值得信任的商家,才有資格擁有為其樹立良好口碑的忠誠客戶。而線上的客戶概況分析方法為強化企業信任度、建立良好客戶口碑,提供了設備與技術上的支援。

2　挖掘客戶價值的金礦

通過對資料的深耕，吉之島百貨公司實現了銷售額和利潤率的大幅提升。

與家樂福、沃爾瑪等外資超市相比，吉之島很另類，它承襲了日本的經營定位，很少宣稱自己的商品是「最低價」，也從來不打價格戰，並堅稱「迎向中高端的客戶」。

但在廣東消費市場持續低迷，同行大打價格戰的情況下，這個另類卻獲得了更大的市場回報，2008 年，廣東吉之島的銷售額達到 24 億元，2009 年業績預計增長 20%。其中，除去今年新開的 2 家門店，原有的 6 家店鋪的銷售額與去年同期相比提升了 10%。會員的數量從 10 多萬增加到了 20 多萬，會員銷售貢獻度也從去年的 20%上升到 30%。

這得益於吉之島對會員的深耕，2008 年下半年，廣東吉之島天貿百貨有限公司提出了面向客戶的「one-to-one」的目標，信息系統部兼商品管理部部門經理牛文甫開始實施 CRM 計劃，旨在準確定位各類客戶群體，提供各種定制化服務，相比於同行，三浦隆司的策略有著日本人的細膩。

吉之島增長的另一個原因，是其著重提高同店增長，而非盲目追求大肆擴張。作為亞洲及日本第一大的零售集團，永旺集團在中國市場始終堅持穩健的作風，最早進軍中國市場的廣東吉之島，14 年來僅開闢了 8 家門店，非常在意如何提升每家門店的銷售額。

　　雖然永旺集團進駐中國之時，佈局了廣東吉之島、北京永旺、青島永旺和華南永旺四家子公司，但是廣東吉之島由於選址精準，注重成本控制，每年在中國市場上給永旺集團帶來超過 40%的利潤。

　　對於零售業來說，為了提高營業額，最常採用的行銷手段是張貼海報，以及在節假日推出打折活動。2008 年，廣東吉之島嘗試推廣會員卡。經過一年的積累，吉之島的會員發展到了 10 多萬，並按照消費級別分為金卡、銀卡和普卡三類會員，年消費達到 2.4 萬元以上的會員到 2009 年自動成為了金卡會員，而 2.4 萬元到 1.2 萬元之間的消費者為銀卡會員，1.2 萬元以下的客戶則為普卡會員。

　　會員卡最初的推行是希望增強客戶對吉之島的認可度，同時，會員可以通過積分換購商品，可以參加一些優惠活動。

　　並不滿足於此，希望從會員資料中挖掘出更大的價值。

　　根據美國數據庫行銷研究所 Arthur Hughes 的研究，數據庫中有三個不可忽略的要素，構成了資料分析最好的指標：最近一次消費（Recency）、消費頻率（Frequency）、消費金額（Monetary）。與傳統的分析維度相比，這三個數值是動態的，是一種更為高明的分析維度。

　　在傳統客戶關係管理的分析維度裏，客戶的年齡、收入、婚姻狀態都會被納入重點分析維度，目前仍有不少零售企業在應用這樣的維度來定位客戶。對於人口流動非常頻繁的廣東地區來說，通過對客戶最近一次到店的購買情況進行分析，這些資料才不會撒謊。

　　當開始這項工作時，遇到了「最近一次消費（R）」的定義難題，他們最後決定將「消費頻率」和「最近一次消費」結合起來，觀察客戶的動態消費，如果客戶的到店頻率降低，那麼在系統裏就會產生會員流失的預警。

　　消費頻率（F）和消費金額（M）是最重要的兩個指標，吉之島將每

個指標定義為五級，M 五級是吉之島消費金額最高的金卡會員群，R 五級是最忠實會員群，通過這樣的定義，吉之島找到了最有價值的客戶，根據傳統的「二八」原則所估值的會員，重新得到更清晰的定義。而對於貢獻度較高的金卡、銀卡會員，吉之島則提供比普通會員更高的積分倍率。

對於 F 值比較高的會員，吉之島也能清晰瞭解到，那些會員是與吉之島聯繫緊密的會員，並通過其所購買的商品，預測其是否是附近的居民，從而在促銷期間加強與他們的聯繫。

將這三個指標結合起來，就發現了一些更有趣的會員了，單從 F 值來觀察時，發現有些會員的到店頻率非常低，可能並不屬於忠誠會員。但是經過與 M 值相加比較，發現部份會員每次到店都會採購很高的金額。一般來說，他們將這部份會員定位為團購性會員。

對於這部份會員，吉之島採取在端午節、中秋節等重大節日前夕與這部份會員加強聯繫。而對於三個值的指標都是最低比值的會員，將其定義為「邊緣會員」，行銷部門也會把注意力轉移到更有價值的會員身上。通過 RFM，最終可將會員劃分為 124 個群，準確定位到需要的客戶群體，而不會在行銷活動中迷失方向。

這樣的定義在促銷的時候派上了用場，例如母親節，吉之島就可以定位目標會員，首次找出符合這一年齡層次的會員，其次根據 M 和 F 定義，將最有價值的會員挖掘出來。

基於更精確的會員數量，吉之島推出了各種主題促銷，例如文具的促銷、泰國食品節的促銷等。在促銷活動中，更能準確定位到目標客戶。

尋找到目標會員僅僅是吉之島挖掘客戶價值的第一步，如何與他們溝通才是個關鍵問題。

　　在中國市場，短信是最有效的手段。短信是最直接快捷的方式，況且客戶申請會員時留了手機。相比於 DM 直投、分眾傳媒以及報紙廣告，短信的成本最低，每條短信只有幾分錢的成本。除了盛大的節日時，吉之島給所有會員發送信息，其他時候，吉之島都會根據目標會員發送短信。

　　雖然網路時代已經到來，電子郵件被越來越多的商家用於與客戶溝通，但是吉之島並不青睞這種方式。垃圾郵件太多了，現在促銷信息甚至也被納入垃圾郵件，行銷部門也沒有放棄傳統的方式，採用了到社區裏張貼海報、在寫字樓裏投放電梯廣告、在紙媒上做夾頁廣告等手段。

　　和以往的不同之處在於，每一次促銷活動結束後，會根據收集到的會員消費資料，通過 CRM 系統，對每一次的促銷活動進行效果評估。如果定位的目標客戶在促銷期內購買相關商品的比例較低，說明這次促銷主題的商品，並沒有吸引到這些會員。或者促銷手段效果不好，行銷部門將會根據促銷評估調整行銷策略。

　　充分的會員消費資料是展開精確行銷的可能。為此，每一個會員的刷卡頻率是關鍵問題。想了很多辦法提高會員的刷卡頻率這個問題：他們設定每個月的 20 號和 30 號為會員日，客戶這兩天的消費將會獲得雙倍積分；在店慶期間和主題促銷期間也會設置臨時的會員日提供會員價。這樣的措施還有很多，例如每一位會員生日臨近，都會接到吉之島的會員生日提醒短信，憑藉會員卡，可以到服務台領取禮物。

　　同時在提高會員的購買上發揮顯著作用，年底臨近，吉之島發短信給會員，並且提前一個月在網站主頁設立提示信息，同時在店鋪通過精美的戶外廣告展示和廣播提示會員，上一年度的有效積分即將清

零，鼓勵會員進行積分換購和消費。

　　在廣東吉之島的擴張計劃裏，2012 年會將門店擴充到 24 家。吉之島試圖根據商品的銷售情況，再結合 RFM 指標裏的客戶購買行為，進一步觀察商品的消費資料：這些會員到門店來購買的是什麼商品，這個月和上個月有什麼變化，從而發現客戶的口味變化。吉之島還希望通過資料挖掘得知，那些客戶是目前的主力消費客戶，其佔到多大的比例，進而調整商品的採購。

3 運用數據庫管理客戶信息

　　你的客戶有多少？你的客戶是誰？你的重要客戶是誰？主要客戶又是誰？他們買多少？每隔多長時間購買一次？他們怎樣購買？他們去那里購買？他們通過什麼途徑瞭解你的企業？他們對你的產品或者服務有什麼意見或建議？他們想要你提供什麼樣的產品或服務……要回答這些問題，企業需要花費大量的時間、精力和財力去做調查，而獲得的結果往往不盡如人意。因為只通過一兩次的調查，即使調查方式是科學的，也帶有很強的主觀性和隨意性，往往會出現這樣或那樣的偏差。

　　數據庫是信息的中心存儲庫，是由一條條記錄所構成，記載著有相互聯繫的一組信息，許多條記錄連在一起就是一個基本的數據庫。數據庫是面向主題的、集成的、相對穩定的、與時間相關的資料集合，數據庫能夠及時反映市場的實際狀況，是企業掌握市場的重要途徑。

客戶數據庫是企業運用數據庫技術，收集現有客戶、目標客戶的綜合數據資料，追蹤和掌握他們的情況、需求和偏好，並且進行深入的統計、分析和資料挖掘，而使企業的行銷工作更有針對性的一項技術措施，是企業維護客戶關係、獲取競爭優勢的重要手段和有效工具。

　　客戶數據庫能反映出每個客戶的購買頻率、購買量等重要信息，並保存每次交易的記錄及客戶的回饋情況，通過對客戶進行定期跟蹤，可使企業對客戶的資料有詳細全面的瞭解，利用「資料挖掘技術」和「智慧分析」可以發現盈利機會，繼而採取相應的行銷策略。

1. 運用數據庫可分析客戶的消費行為

　　由於客戶數據庫是企業經過長時間對客戶信息(客戶的基本資料和歷史交易行為)的積累和跟蹤建立起來的，剔除了一些偶然因素，因而對客戶的判斷是客觀、全面的。

　　客戶數據庫可以幫助企業瞭解客戶過去的消費行為，而客戶過去的購買行為是未來購買模式的最好指示器，因此，企業可通過客戶數據庫來推測客戶未來的消費行為。

　　通過客戶數據庫對客戶過去的購買和習慣進行分析，企業還可以瞭解到客戶是被產品所吸引還是被服務所吸引，或是被價格所吸引，從而有根據、有針對性地開發新產品，或者向客戶推薦相應的服務，或者調整價格。

　　許多航空公司利用常旅客留下的信息建立了「常旅客數據庫」，在此基礎上，航空公司可統計和分析常旅客的構成、流向、流量，分析常旅客出行及消費的趨勢，訂票、購票的方式與習慣，以及對航空公司市場行銷活動的反應等，從而採取相應的措施，如挑選適當的時機定期、主動對常旅客進行回訪，變被動推銷為主動促銷。

　　例如，美國航空公司建立了一個「重要旅行者」的數據庫，其中

存有 80 萬名旅客的資料。這部份人雖然佔該公司每年乘客總數的比例不到 4%，但他們每人每年乘坐該公司飛機平均約 13 次，對公司總營業額的貢獻在 60%以上。美國航空公司每次舉行宣傳活動，總是把他們作為重點對象。

例如，飯店通過數據庫建立詳細的客戶檔案，包括客戶的消費時間、消費頻率以及偏好等一系列特徵，如客戶喜歡什麼樣的房間和床鋪、喜愛那種品牌的香皂，是否吸煙，有什麼特殊的服務要求等。通過這個客戶數據庫，飯店可使每一位客戶都得到滿意的服務，從而提高行銷效率，並降低行銷成本。

2. 客戶數據庫的幾個重要指標
(1)最近一次消費

最近一次消費是指客戶上一次購買的時間，它是維繫客戶的一個重要指標，可以反映客戶的忠誠度。

一般來說，上一次消費時間越近是越理想的，因為最近才購買本企業的產品或服務的客戶是最有可能再購買的客戶。要吸引一位幾個月前購買本企業的產品或服務的客戶，比吸引一位幾年前購買的客戶要容易得多。

如果最近一次消費時間離現在很遠，說明客戶長期沒有光顧，就要調查客戶是否已經流失。最近一次消費還可監督企業目前業務的進展情況——如果最近消費的客戶人數增加，則表示企業發展穩健。如果最近一次消費的客戶人數減少，則表明企業的業績可能滑坡。

(2)消費頻率

消費頻率是指客戶在限定的時間內購買本企業的產品或服務的次數。

一般來說，最常、最頻繁購買的客戶，可能是滿意度最高、忠誠

度最高的客戶，也可能是最有價值的客戶。

⑶消費金額

消費金額是客戶購買本企業的產品或服務金額的多少。

通過比較客戶在一定期限內購買本企業的產品或服務的數量，可以知道客戶購買態度的變化，如果購買量下降，則要引起足夠的重視。

⑷客戶每次的平均消費額

客戶每次的平均消費額可說明客戶結構，從而幫助企業認清目前客戶的規模以及市場是否足夠大。

3. 綜合分析

上述指標可幫助企業識別最有價值的客戶、忠誠客戶和即將流失的客戶將最近一次消費、消費頻率結合起來分析，可判斷客戶下一次交易的時間距離現在還有多久。

將消費頻率、消費金額結合起來分析，可計算出在一段時間內客戶為企業創造的利潤，從而幫助企業明確誰才是自己最有價值的客戶。

當客戶最近一次消費離現在很遠而消費頻率或消費金額也出現顯著萎縮時，提示這些客戶很可能即將流失或者已經流失，從而促使企業做出相應的對策，如對其重點拜訪或聯繫等。

4. 客戶價值矩陣

Marcus 用消費頻率與平均消費金額構造了客戶價值矩陣，如圖13-1 所示。

圖 13-1　客戶價值矩陣

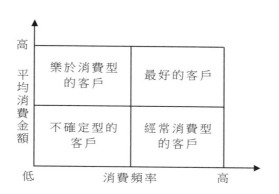

對於「最好的客戶」，企業要全力保留他們，因為他們是企業利潤的基礎。

對於「樂於消費型的客戶」和「經常消費型的客戶」，他們是企業發展壯大的保證，企業應該想辦法提高「樂於消費型的客戶」的購買頻率，通過交叉購買和增量購買來提高「經常消費型的客戶」的平均消費金額。

對於「不確定型的客戶」，企業需要找出有價值的客戶，並促使其向另外三類客戶轉化。

亞馬遜用客戶數據庫為客戶推薦書目

　　亞馬遜書店成立之初，就清楚地說明了公司的設立用意，即「在網路上設立一家以客為尊的書店，方便客戶線上漫遊，並盡可能提供多元化的選擇」。

　　亞馬遜網上書店的銷售一直保持高速增長，這與其利用客戶數據庫不斷改進服務品質和客戶關係是分不開的。為了方便客戶買書，並且使線上購買對消費者來說是一個愉快而迅速的過程，亞馬遜書店結合多種工具和手段，給客戶提供「最快捷、最方便、最易用」的服務。例如，通過「一點就通」的 One Click 設計，用戶只要在該網站購買過一次書，其通信地址和信用卡帳號就會被安全地存儲下來，下次再購買時，客戶只要用滑鼠點擊一下貨物，網路系統就會自動完成接下來的所有手續。

　　當客戶在亞馬遜網上書店購買圖書時，它的銷售系統就會自動記錄書目，生成有關客戶偏好的信息。當客戶再次進入書店時，銷售系統就會識別其身份，並依據其愛好來推薦書目，巧妙提醒客戶去瀏覽可能會引發興趣的其他書籍等。客戶與書店的接觸次數越多，系統瞭解的客戶信息也就越多，服務也就越好。

　　總之，堅持以客戶為中心安排業務流程，處處為客戶著想，創建方便、快捷、安全、有效的個性化服務使亞馬遜成為書店行業的典範。

　　通過對客戶數據庫的挖掘，企業還可以發現購買某一商品的客戶的特徵，從而可以向那些同樣具有這些特徵卻沒有購買的客戶推銷這

個商品。

例如，零售業的龍頭老大沃爾瑪在 20 世紀 80 年代建立客戶數據庫，用於記載客戶的交易資料和背景信息，時至今日，該數據庫容量已經超過 100TB，成為世界上最大的客戶資料系統。利用客戶數據庫，沃爾瑪對商品購買的相關性進行分析，意外發現：跟尿布一起購買最多的商品竟然是啤酒。原來美國的太太們常叮囑她們的丈夫下班後為小孩買尿布，而丈夫們在買尿布後又隨手帶回兩瓶啤酒。既然尿布與啤酒一起購買的機會最多，沃爾瑪就乾脆在它的一個個商店裏將它們並排擺放在一起，結果是尿布與啤酒的銷售量雙雙增長。

另外，企業建立客戶數據庫後，任何業務員都能在其他業務員的基礎上繼續發展與客戶的親密關係，而不會出現由於某一業務員的離開造成業務中斷的情況。

運用客戶數據庫的企業，可以瞭解和掌握客戶的需求及其變化，可以知道那些客戶何時應該更換產品。

例如，美國通用電氣公司通過建立詳盡的客戶數據庫，可以清楚地知道那些客戶何時應該更換電器，並時常贈送一些禮品以吸引他們繼續購買公司的產品。

由於客戶的情況總是在不斷地發生變化，所以客戶的資料應隨之不斷地進行調整。企業如果有一套好的客戶數據庫，就可以對客戶進行長期跟蹤，通過調整，剔除陳舊的或已經變化的資料，及時補充新的資料，就可以使企業對客戶的管理保持動態性。

客戶數據庫還可以幫助企業進行客戶預警管理，從而提前發現問題客戶：

(1)外欠款預警。企業在客戶資信管理方面給不同的客戶設定一個不同的授信額度，當客戶的欠款超過授信額度時就發出警告，並對此

客戶進行調查分析，及時回款，以避免出現真正的風險。

(2)銷售進度預警。根據客戶數據庫記錄的銷售資料，當客戶的進貨進度和計劃進度相比有下降時就發出警告，並對此情況進行調查，拿出相應的解決辦法，防止問題擴大。

(3)銷售費用預警。企業在客戶數據庫中記錄每筆銷售費用，當銷售費用攀升或超出費用預算時就發出警告，並及時中止銷售，防止陷入費用陷阱。

(4)客戶流失預警。根據客戶數據庫記錄的銷售資料，當客戶不再進貨就發出預警，使企業及時進行調查，並採取對策，防止客戶流失。

心得欄

第十四章

建立會員制

1 會員制是維護忠誠客戶的利器

客戶忠誠度指的是客戶滿意後產生的對某種產品品牌或公司的信賴、維護和希望重覆購買的一種心理傾向。通俗地講，如果你總是喜歡穿某個品牌的服裝，或總是到同一個店裏買東西，你就是他們的忠誠顧客了。

客戶忠誠通常被定義為重覆購買同一品牌或產品的行為，因而忠誠客戶就是重覆購買同一品牌，只考慮這種品牌並且不再進行相關品牌信息搜索的客戶。

一、提高客戶忠誠度所帶來的價值

客戶的價值，不在於他一次購買的金額，而是他一生能帶來的總

額，包括他自己以及對親朋好友的影響，這樣累積起來，數目就會相當驚人。因此，企業在經營過程中，除了設法地滿足客戶的需求外，更重要的是要維持和提升客戶的忠誠度。

例如，一般情況下，企業的客戶流失率為 20%，平均客戶壽命為 5 年。假設每位客戶每年平均在該企業花 1000 元，那麼每個客戶的終身價值為 5000 元。如果某個忠誠營銷項目使客戶流失率降到 10%，那麼客戶壽命因此延長到了 10 年，客戶的終身價值也就變為 10000 元。一些信用卡公司就是因為客戶流失率降低 5%，而利潤上升了 125%。

忠誠客戶是企業發展的推動力，建立顧客忠誠所引起的財務結果的變化令人歎為觀止，相關數據表明：

- 保持一個老客戶的營銷費用僅僅是吸引一個新客戶的營銷費用的 1/5。
- 向現有客戶銷售的幾率是 50%，而向一個新客戶銷售產品的幾率僅有 15%。
- 客戶忠誠度下降 5%，企業利潤則下降 25%。
- 如果將每年的客戶關係保持率增加 5 個百分點，可能使企業利潤增長 85%。
- 企業 60%的新客戶來自現有客戶的推薦。
- 對於許多行業來說，公司的最大成本之一就是吸引新客戶的成本。
- 顧客忠誠度是企業利潤的主要來源。

會員制營銷的價值，就是啟動會員的價值，使會員價值最大化。因此，對於企業而言，擁有忠誠度高的客戶就等於擁有了穩定的收入來源，提高客戶忠誠度可以為企業帶來以下價值：

1. 帶來穩定收入

美國運通公司負責信息管理的副總裁詹姆斯·范德·普頓指出，忠誠客戶與一般客戶消費額的比例，在零售業來說約為 16：1，在餐飲業是 13：1，在航空業是 12：1，在旅店業是 5：1。

相對於新客戶而言，忠誠客戶的購買頻率較高，且一般會同時使用同一品牌的多個產品和服務。只要有需求，他們就會選擇企業推出的產品，同時，企業推出新產品，也會刺激客戶產生新需求。這樣可以給企業帶來穩定的收入和利潤，有助於保證企業的長期生存。

2. 維持費用低而收益高

據調查資料顯示，吸引新客戶的成本是保持老客戶的 5～10 倍。美國的一項研究表明，要一個老客戶滿意，只需要 19 美元；而要吸引一個新客戶，則要花 119 美元，減少客戶背叛率 5%，可以提高 25% 的利潤。

所以，假如企業一週內流失了 100 個客戶，同時又獲得 100 個客戶，雖然從銷售額來看仍然令人滿意，但這樣的企業是按「漏桶」原理經營業務的。實際情況是，爭取 100 個新客戶已經比保留 100 個忠誠客戶花費了更多的費用，而且新客戶的獲利性也往往低於忠誠客戶。據統計分析，新客戶的贏利能力與忠誠客戶相差 15 倍。

同時，因為老客戶的重覆購買可以縮短產品的購買週期，拓寬產品的銷售管道，控制銷售費用，從而降低企業成本。與老客戶保持穩定的關係，使客戶產生重覆購買過程，有利於企業制定長期規劃，設計和建立滿足客戶需要的工作方式，從而也降低了成本。

3. 不斷帶來新客戶

忠誠客戶對企業的產品或服務擁有較高的滿意度和忠誠度，因此會為自己的選擇而感到欣喜和自豪。由此，也能自覺或不自覺地向親

朋好友誇耀、推薦所購買的產品及得到的服務。這樣，老客戶因口碑和親友推薦就會派生出許許多多的新客戶，給企業帶來大量的無本生意。

忠誠客戶能給企業帶來源源不斷的新客戶：一個忠誠的老客戶可以影響 25 個消費者，誘發 8 個潛在客戶產生購買動機，其中至少有一個人產生購買行為。

4. 宣傳企業形象

有調查顯示，一個不滿意的客戶至少要向另外 11 個人訴說；一個高度滿意的客戶至少要向週圍 5 個人推薦。

隨著市場競爭的加劇、信息技術的發展，廣告信息轟炸式地滿天飛，其信任度直線下降。除了傳統媒體廣告以外，又加上了網路廣告，人們面對這些眼花繚亂的廣告難辨真假，在做出購買決策的時候更加重視親朋好友的推薦，於是，忠誠客戶的口碑對於企業形象的樹立起到了不可估量的作用。

5. 帶來更多商業機會

在企業擁有的忠誠客戶當中，可能有部份客戶是具有豐富的資源和極大的影響力的，如果能與他們保持良好的關係，在互動的交往中無疑會給企業帶來眾多的商機。

企業之間的競爭不可避免，但是忠誠度高的客戶，不僅不受競爭對手的誘惑，還會主動抵制競爭對手侵蝕。忠誠客戶對企業的其他相關產品，甚至新產品都比新客戶容易接受。例如，有些客戶認為 IBM 和蘋果公司的產品雖然存在一些問題，但在服務和可靠性方面無與倫比，因而忠誠客戶能耐心等待公司對不理想產品的改進及新產品的推出。

另外，對於企業產品和服務方面存在的問題，忠誠會員可以容

忍，並且給企業改正錯誤的機會，這同樣是會員為企業帶來的價值。在兩家企業都出現產品和服務方面的同樣問題時，如果 A 企業的總體客戶容忍度比 B 企業強的話，那麼 A 企業顯然要比 B 企業有競爭優勢，這種優勢的價值就來自會員容忍強度。

二、會員制對培養客戶忠誠的影響

成功品牌的利潤，有 80%來自於 20%的忠誠客戶，而其他的 80%，只創造了 20%的利潤。忠誠度不僅可以帶來巨額利潤，而且還可以降低營銷成本，爭取一個新客戶比維持一個老客戶要多花去 20 倍的成本。

由於競爭激烈，獲得新客戶的成本變得愈加高昂，因此，如何留住老客戶，促進客戶資產的最大化就成為企業的基本戰略目標，有針對性地進行客戶維護可以大大提升客戶的忠誠度和購買率，促進企業利潤的提升。

在 2002 年度 H 市百貨零售業的排名中，A 百貨公司以超過 9 億元的年銷售額名列前茅。據統計，在這 9 億元的銷售額中，竟然有高達 61%是由 VIP 會員創造的。可以說，是忠誠的客戶為他贏得了利潤的高速增長。

會員營銷在商家拓展市場的實戰中已突顯出了特殊的優勢，它在構建企業形象、培養消費品牌的忠誠度、提高市場佔有率、間接幫助銷售、增強企業的競爭力上不失為一把利器。事實證明，會員制營銷可以使企業的銷售額提高 6%～80%，會員制營銷是企業開發和維護忠誠客戶行之有效的方式。

作為忠誠計劃的一種相對高級的形式，會員俱樂部首先是一個

「客戶關懷和客戶活動中心」，而且需要朝著「客戶價值創造中心」轉化。而客戶價值的創造，則反過來使客戶對企業的忠誠度更高。

1. 滿足會員歸屬感的需要

馬斯洛的需要層次論指出，人除了生存和安全的需要外，還有社交、受尊重和自我實現的需要。假如一個人沒有可歸屬的群體，他就會覺得沒有依靠、孤立、渺小、不快樂。人們總是希望和週圍的人友好相處，得到信任和友愛，並渴望成為群體中的一員，這就是愛與歸屬感的需要。

會員制的建立正是為了滿足人們的這種需要，會員制強調金錢和物質並不是刺激會員的唯一動力，人與人之間的友情、安全感、歸屬感等社會的和心理的慾望的滿足，也是非常重要的因素。會員制俱樂部建立通暢的會員溝通管道並保持經常性的溝通，不斷強化會員的歸屬感，讓每一位會員都感到備受尊崇。

「物以類聚，人以群分」。會員制俱樂部將有共同志趣的會員組織起來，通過定期或不定期的溝通活動，使企業和會員、會員與會員之間達成認識上的一致、感情上的溝通、行為上的理解，並長久堅持，最終結果就是發展為深厚的友誼。如此一來，會員對企業的忠誠也是必然的結果。

2. 為會員提供價格上的優惠

幾乎每一個實行會員制的企業都會為會員設置一套利益計劃，例如折扣、積分、優惠券、聯合折扣優惠等。俱樂部通過辦理會員卡，給予會員特定的折扣或價格優惠，進而建立比較穩定的長期銷售與服務體系。

雖然越來越多的企業案例顯示，價格在培養客戶忠誠方面的作用正在日益下降，因為只是單純價格折扣的吸引，客戶易於受到競爭者

類似促銷方式的影響而轉移購買。

人們在作購買決定時，價格因素是否已經不重要了呢？毫無疑問，當然重要。

因此，會員制應該如何有效地利用價格策略，在保持會員穩定的前提下盡可能減少價格優惠對收入的負面影響，是企業需要慎重考慮的問題。

3.為會員提供特殊的服務

在市場競爭日益激烈的情況下，要想使企業的產品明顯地超過競爭對手，已經很難做到。從長遠以及世界上很多出色公司的成功經驗來看，只有通過創造優質的服務使顧客滿意，才能增加市場佔有率。

服務策略可以培養客戶的方便忠誠和信賴忠誠，優質的服務使客戶從不信任到信任，從方便忠誠到信賴忠誠。例如，為每一位會員建立一套個性化服務的問題解決方案，或者定期、不定期地組織會員舉辦不同主題的活動等，這些特殊的服務可以有效增進企業與會員、會員與會員之間的交流，加深他們的友誼。

心得欄

2 會員制適用於任何企業與店鋪

　　週六，陳小姐家附近新開了一家乾洗店，只需要預存 1000 元，就能成為會員享受 9 折優惠；要是預存 2000 元，就能成為會員享受 8.5 折優惠，還可以免費享受上門取送衣物的服務，而且預存的金額是可以馬上消費的。

　　而她樓下的 TD 擦鞋店，只要每年交納 500 元的會費，就可以成為 TD 擦鞋店的會員，成為會員後就可享受全年免費擦鞋的優惠。

　　陳小姐不會放過任何成為會員的機會，她同時還成為了社區裏的超市、書店、餐館、美容院的會員，這些會員制商店已經成為陳小姐生活中不可或缺的一部份，因為她覺得真的很優惠，而且很方便了。

　　會員制營銷(associate programs)早已不是什麼新鮮話題。在美國，從理論到實踐都已經比較完善，並被認為是有效的網路營銷方式，現在實施會員制計劃的企業數量眾多，幾乎已經覆蓋了所有行業。

　　會員制是商家們為吸引消費者、促進銷售而推出的一種優惠制度。會員卡分佈的範圍很廣，大到高爾夫、網球、健身俱樂部、美容美髮中心、大型百貨商場，小到洗衣房、洗澡堂、洗車行、擦鞋店。會員卡的價值也有所不同，從幾十元到幾萬元不等。

　　不同的會員制對會員實行優惠的方式也不同，有的是消費者預先交納一筆錢，購買一張價值不等的「會員卡」，便可在以後的消費中享受不同程度的折扣優惠，每次消費的費用則在「會員卡」的預付金額中扣除。有的會員卡在辦理時只交納一點手續費，在以後的消費中

或者累計積分返利，或者給予一定折扣。

　　許多人樂意當會員是因為會員制消費確實給消費者帶來了一些優惠。李莉是一家美容美體健康高級俱樂部的會員，每年交納 1.6 萬元的費用後，臉部、身體、手部、足部護理費用可以打 5 折，購買相關產品打 8 折，每次消費時不必再交費，只需從會員卡中扣除。業內專家表示，會員制消費有助於商家吸引、培養一批相對固定的客戶群，同時也能讓消費者得到實惠，這是一種比以前的「一錘子」消費方式更先進的買賣關係。

　　從理論上講，會員制營銷可以應用於各種行業，但對於有些行業可能效果會更明顯，例如，經常需要重覆消費的餐飲、美容、網吧等服務行業；一些購買頻率高、需要穩定客戶忠誠度的領域，如零售業、服裝服飾業等。消費者購買產品後需要更多後續增值服務的行業，例如，汽車、電腦行業等。有些商家通過賣產品得到的利潤不多，但通過提供這些後續服務往往能夠獲得更大的利益。而對於一些使用時間長又不需要太多服務支援的行業，採用會員制的意義就不大。

1. 適用行業特徵

　　對於具備以下幾個特點的行業，實施會員制營銷，更會收到較好的效果：

　　⑴產品/服務具有社會性。產品/服務最好是消費品，尤其是針對某一類特定人群的消費品。

　　⑵產品/服務具有重覆消費的可能。俱樂部是為了長期留住客戶而設，因此更適用於消費者長期重覆消費的產品。但是，也有特例，諸如房地產行業，多為一次性消費，俱樂部營銷具有很強的階段性。

　　⑶產品/服務需要深度服務。消費者的第一次消費往往是剛剛開始，而不是終止，這樣的產品更適合採取俱樂部營銷。這也是減肥產

品為什麼熱衷於會員制營銷的原因，因為減肥不是一朝一夕的事情，需要有一個週期，更需要細緻而週到的服務。

⑷目標消費群體容易鎖定，並且數量在服務能力之內。目標能夠鎖定，方可保證實效；不能為了提升銷量或擴大會員制規模而忽略服務質量，要追求一個最佳的量值。

2. 適用行業

在滿足上述幾個條件的基礎上，以下幾個行業，都適宜採用會員制營銷：

⑴日用消費品行業：以白酒、茶葉等產品為代表。

⑵化妝品、保健品等消費品行業：如減肥俱樂部、女性生態美俱樂部等。

⑶休閒、健身、娛樂、零售等服務性企業：如健身俱樂部、會員制超市、美容美髮沙龍等。

⑷房地產行業(包括旅遊房地產)：如「新地會」、「萬客會」等。

⑸汽車行業：這種營銷模式在汽車行業潛力無限，如一些汽車4S 專營店開辦的汽車營銷俱樂部、車友俱樂部等。

⑹報刊傳媒行業：如讀者俱樂部、廣告客戶俱樂部、企業家沙龍等。

事實上，會員制的流行是商業高度發展和市場細分的結果。目前，很多商場、超市、酒樓、賓館等大多實行會員制，一些家電賣場也開始試行會員制，並越來越重視會員制營銷在賣場營銷中的作用。業內人士認為，會員制低廉的價格、完善的售後服務、產品結構的差異化及先進的銷售模式，將讓單純以「價格戰」吸引消費者眼球的低層次競爭難有立足之地。

事實上，在會員中定期或不定期地舉行一系列有意義而且有吸引

力的活動取得的效果，遠遠超過了採用打折的單一手段來吸引客戶的促銷方式。通過形式多樣的會員活動，能夠將會員變成永久客戶，這樣創造的商機和利潤將是很大的。因此，會員制自身所具備的優勢，成為了眾多行業紛紛涉足的主要原因。

會員制是經過長期市場檢驗的行之有效的競爭手段，可廣泛地應用在商業、傳媒與通信終端等領域，企業應根據不同的行業性質設計不同的會員營銷方式。另外，隨著零售市場的不斷成熟和消費者觀念的不斷改變，會員制的較量實際上是服務戰的升級和深化。

3　連鎖超市如何建立會員制

一家連鎖超市擁有 10 家以上門店後，便已經擁有一定的消費群體，具備一定的消費能力。面對如此龐大的消費人群，如何滿足顧客的需要，如何採購真正適銷對路的產品，如何把握商機，提高各個門店的銷售能力是非常重要的。

在激烈的市場競爭中，「只要開店，顧客就會上門」的觀念需要改變，只有主動出擊，從顧客的立場出發採購貨源，才能獲得經營的成功。連鎖超市擁有門店數目多、規模大、散佈廣的特點，設立會員制俱樂部，不僅可以收集、整理及利用會員的資源，還可以圍繞會員開展業務經營活動來鞏固自己的目標顧客群體。

會員制俱樂部是一種促銷手段，即消費者只需交納少量費用或達到一定的購買量便可以成為會員，得到會員卡。會員一般可以享有多

種優惠：

· 價格，會員可享有比非會員更優惠的價格。

· 會員可享有電話訂貨或送貨上門等服務。

· 會員將定期得到門店新商品的資料和促銷計劃。

· 部份門店設有會員優惠購物日，享受更大的優惠折扣。

成立會員制俱樂部的目的在於能夠縮短門店和顧客的距離，增強雙方的信息溝通，鞏固自己商圈的固有消費群體，將原來各門店如根據地般的商圈聯合統一起來，變成一卡消費各地、各地通用一卡的局面。同時也可通過對會員的調查，收集資料，展開一系列的各項門店的工作。

超市實施會員制俱樂部可以從以下幾方面展開：

1. 完善基礎設施

現階段，有些超市的收銀機比較陳舊，不便於成立會員制俱樂部。如需設立會員制，首先要改造各門店的收款設備，在收款系統中加入管理會員檔案的刷卡系統，以便於根據 POS 系統中的會員資料，分析門店的消費習慣和趨勢，從而更好地展開促銷活動。

2. 建立顧客檔案

會員入會填寫的個人檔案一般包括：姓名、性別、單位、年齡、生日、通訊位址、家庭情況、文化程度、收入水準、購物習慣（購物頻率、時間），然後根據會員所填寫的檔案進行分類編碼管理，如分別按年齡時段、性別、文化程度、收入水準、居住地等指標編碼，隨時調閱和分析某一人群的消費習慣，這樣一個簡單的顧客檔案便建成了。

3. 會員卡分級設置

會員卡的設置可分為臨時卡、普通卡、銀卡、金卡等，臨時卡有

效期較短，一般為一週或一個月，為外地旅遊購物或臨時居住者的消費者加入俱樂部設計。

⑴普通卡：只能享有一般的各項折扣，並且將定期擁有門店的促銷海報，有效期一年。

⑵銀卡：主要用於一些門店的長期固定消費者，有效期更長，折扣比率相對更高，可以對銀卡進行儲蓄，從而簡化顧客購物的繳款程序。

⑶金卡：主要用於總部和各門店的主要消費團體，金卡增加了透支功能，而且如果年終購物總值到達到一定的金額，即可獲得一定的紅利。同時，各種卡之間可以自由升級。

4. 組織會員活動

會員還可以參加俱樂部的定期聯誼活動，由門店組織聯繫會員，定期向會員發放調查表，瞭解需求，從而得到第一手的銷售動態，並發放最新的超市動態和促銷方案。

在會員過生日時，寄一張賀卡或送一份禮物，以增進與會員的感情，把溫情帶進超市的每個會員家中，使每個會員都成為超市的朋友，成為門店的永久性顧客，從而徹底鞏固各門店的消費群體。同時門店將比較清淡的日子定為會員優惠日，對會員進一步讓利，促進門店的日常銷售，緩解高峰購物的客流量。

臺灣的核心競爭力，就在這裏！

經營顧問叢書

25	王永慶的經營管理	360 元	129	邁克爾・波特的戰略智慧	360 元
47	營業部門推銷技巧	390 元	130	如何制定企業經營戰略	360 元
52	堅持一定成功	360 元	135	成敗關鍵的談判技巧	360 元
56	對準目標	360 元	137	生產部門、行銷部門績效考核手冊	360 元
60	寶潔品牌操作手冊	360 元	139	行銷機能診斷	360 元
72	傳銷致富	360 元	140	企業如何節流	360 元
78	財務經理手冊	360 元	141	責任	360 元
79	財務診斷技巧	360 元	142	企業接棒人	360 元
86	企劃管理制度化	360 元	144	企業的外包操作管理	360 元
91	汽車販賣技巧大公開	360 元	146	主管階層績效考核手冊	360 元
97	企業收款管理	360 元	147	六步打造績效考核體系	360 元
100	幹部決定執行力	360 元	148	六步打造培訓體系	360 元
122	熱愛工作	360 元	149	展覽會行銷技巧	360 元
125	部門經營計劃工作	360 元			

150	企業流程管理技巧	360 元	232	電子郵件成功技巧	360 元
152	向西點軍校學管理	360 元	234	銷售通路管理實務〈增訂二版〉	360 元
154	領導你的成功團隊	360 元	235	求職面試一定成功	360 元
155	頂尖傳銷術	360 元	236	客戶管理操作實務〈增訂二版〉	360 元
160	各部門編制預算工作	360 元	237	總經理如何領導成功團隊	360 元
163	只為成功找方法，不為失敗找藉口	360 元	238	總經理如何熟悉財務控制	360 元
167	網路商店管理手冊	360 元	239	總經理如何靈活調動資金	360 元
168	生氣不如爭氣	360 元	240	有趣的生活經濟學	360 元
170	模仿就能成功	350 元	241	業務員經營轄區市場（增訂二版）	360 元
176	每天進步一點點	350 元	242	搜索引擎行銷	360 元
181	速度是贏利關鍵	360 元	243	如何推動利潤中心制度（增訂二版）	360 元
183	如何識別人才	360 元	244	經營智慧	360 元
184	找方法解決問題	360 元	245	企業危機應對實戰技巧	360 元
185	不景氣時期，如何降低成本	360 元	246	行銷總監工作指引	360 元
186	營業管理疑難雜症與對策	360 元	247	行銷總監實戰案例	360 元
187	廠商掌握零售賣場的竅門	360 元	248	企業戰略執行手冊	360 元
188	推銷之神傳世技巧	360 元	249	大客戶搖錢樹	360 元
189	企業經營案例解析	360 元	250	企業經營計劃〈增訂二版〉	360 元
191	豐田汽車管理模式	360 元	252	營業管理實務（增訂二版）	360 元
192	企業執行力（技巧篇）	360 元	253	銷售部門績效考核量化指標	360 元
193	領導魅力	360 元	254	員工招聘操作手冊	360 元
198	銷售說服技巧	360 元	256	有效溝通技巧	360 元
199	促銷工具疑難雜症與對策	360 元	257	會議手冊	360 元
200	如何推動目標管理（第三版）	390 元	258	如何處理員工離職問題	360 元
201	網路行銷技巧	360 元	259	提高工作效率	360 元
204	客戶服務部工作流程	360 元	261	員工招聘性向測試方法	360 元
206	如何鞏固客戶（增訂二版）	360 元	262	解決問題	360 元
208	經濟大崩潰	360 元	263	微利時代制勝法寶	360 元
215	行銷計劃書的撰寫與執行	360 元	264	如何拿到 VC（風險投資）的錢	360 元
216	內部控制實務與案例	360 元	267	促銷管理實務〈增訂五版〉	360 元
217	透視財務分析內幕	360 元	268	顧客情報管理技巧	360 元
219	總經理如何管理公司	360 元	269	如何改善企業組織績效〈增訂二版〉	360 元
222	確保新產品銷售成功	360 元	270	低調才是大智慧	360 元
223	品牌成功關鍵步驟	360 元	272	主管必備的授權技巧	360 元
224	客戶服務部門績效量化指標	360 元	275	主管如何激勵部屬	360 元
226	商業網站成功密碼	360 元			
228	經營分析	360 元			
229	產品經理手冊	360 元			
230	診斷改善你的企業	360 元			

276	輕鬆擁有幽默口才	360 元
277	各部門年度計劃工作（增訂二版）	360 元
278	面試主考官工作實務	360 元
279	總經理重點工作（增訂二版）	360 元
282	如何提高市場佔有率（增訂二版）	360 元
283	財務部流程規範化管理（增訂二版）	360 元
284	時間管理手冊	360 元
285	人事經理操作手冊（增訂二版）	360 元
286	贏得競爭優勢的模仿戰略	360 元
287	電話推銷培訓教材（增訂三版）	360 元
288	贏在細節管理（增訂二版）	360 元
289	企業識別系統 CIS（增訂二版）	360 元
290	部門主管手冊（增訂五版）	360 元
291	財務查帳技巧（增訂二版）	360 元
292	商業簡報技巧	360 元
293	業務員疑難雜症與對策（增訂二版）	360 元
294	內部控制規範手冊	360 元
295	哈佛領導力課程	360 元
296	如何診斷企業財務狀況	360 元
297	營業部轄區管理規範工具書	360 元
298	售後服務手冊	360 元
299	業績倍增的銷售技巧	400 元
300	行政部流程規範化管理（增訂二版）	400 元
301	如何撰寫商業計畫書	400 元
302	行銷部流程規範化管理（增訂二版）	400 元
303	人力資源部流程規範化管理（增訂四版）	420 元
304	生產部流程規範化管理（增訂二版）	400 元
305	績效考核手冊(增訂二版)	400 元
306	經銷商管理手冊(增訂四版)	420 元
307	招聘作業規範手冊	420 元

308	喬・吉拉德銷售智慧	400 元
309	商品鋪貨規範工具書	400 元
310	企業併購案例精華（增訂二版）	420 元
311	客戶抱怨手冊	400 元
312	如何撰寫職位說明書（增訂二版）	400 元
313	總務部門重點工作（增訂三版）	400 元
314	客戶拒絕就是銷售成功的開始	400 元
315	如何選人、育人、用人、留人、辭人	400 元
316	危機管理案例精華	400 元
317	節約的都是利潤	400 元
318	企業盈利模式	400 元
319	應收帳款的管理與催收	420 元
320	總經理手冊	420 元
321	新產品銷售一定成功	420 元
322	銷售獎勵辦法	420 元
323	財務主管工作手冊	420 元
324	降低人力成本	420 元
325	企業如何制度化	420 元
326	終端零售店管理手冊	420 元
327	客戶管理應用技巧	420 元

《商店叢書》

18	店員推銷技巧	360 元
30	特許連鎖業經營技巧	360 元
35	商店標準操作流程	360 元
36	商店導購口才專業培訓	360 元
37	速食店操作手冊〈增訂二版〉	360 元
38	網路商店創業手冊〈增訂二版〉	360 元
40	商店診斷實務	360 元
41	店鋪商品管理手冊	360 元
42	店員操作手冊（增訂三版）	360 元
44	店長如何提升業績〈增訂二版〉	360 元
45	向肯德基學習連鎖經營〈增訂二版〉	360 元
47	賣場如何經營會員制俱樂部	360 元

48	賣場銷量神奇交叉分析	360 元
49	商場促銷法寶	360 元
53	餐飲業工作規範	360 元
54	有效的店員銷售技巧	360 元
55	如何開創連鎖體系〈增訂三版〉	360 元
56	開一家穩賺不賠的網路商店	360 元
57	連鎖業開店複製流程	360 元
58	商鋪業績提升技巧	360 元
59	店員工作規範（增訂二版）	400 元
60	連鎖業加盟合約	400 元
61	架設強大的連鎖總部	400 元
62	餐飲業經營技巧	400 元
63	連鎖店操作手冊（增訂五版）	420 元
64	賣場管理督導手冊	420 元
65	連鎖店督導師手冊（增訂二版）	420 元
66	店長操作手冊（增訂六版）	420 元
67	店長數據化管理技巧	420 元
68	開店創業手冊〈增訂四版〉	420 元
69	連鎖業商品開發與物流配送	420 元
70	連鎖業加盟招商與培訓作法	420 元
71	金牌店員內部培訓手冊	420 元
72	如何撰寫連鎖業營運手冊〈增訂三版〉	420 元

《工廠叢書》

15	工廠設備維護手冊	380 元
16	品管圈活動指南	380 元
17	品管圈推動實務	380 元
20	如何推動提案制度	380 元
24	六西格瑪管理手冊	380 元
30	生產績效診斷與評估	380 元
32	如何藉助 IE 提升業績	380 元
38	目視管理操作技巧(增訂二版)	380 元
46	降低生產成本	380 元
47	物流配送績效管理	380 元
51	透視流程改善技巧	380 元
55	企業標準化的創建與推動	380 元
56	精細化生產管理	380 元
57	品質管制手法〈增訂二版〉	380 元

58	如何改善生產績效〈增訂二版〉	380 元
68	打造一流的生產作業廠區	380 元
70	如何控制不良品〈增訂二版〉	380 元
71	全面消除生產浪費	380 元
72	現場工程改善應用手冊	380 元
75	生產計劃的規劃與執行	380 元
77	確保新產品開發成功（增訂四版）	380 元
79	6S 管理運作技巧	380 元
83	品管部經理操作規範〈增訂二版〉	380 元
84	供應商管理手冊	380 元
85	採購管理工作細則〈增訂二版〉	380 元
87	物料管理控制實務〈增訂二版〉	380 元
88	豐田現場管理技巧	380 元
89	生產現場管理實戰案例〈增訂三版〉	380 元
90	如何推動 5S 管理（增訂五版）	420 元
92	生產主管操作手冊（增訂五版）	420 元
93	機器設備維護管理工具書	420 元
94	如何解決工廠問題	420 元
96	生產訂單運作方式與變更管理	420 元
97	商品管理流程控制(增訂四版)	420 元
98	採購管理實務〈增訂六版〉	420 元
99	如何管理倉庫〈增訂八版〉	420 元
100	部門績效考核的量化管理（增訂六版）	420 元
101	如何預防採購舞弊	420 元
102	生產主管工作技巧	420 元
103	工廠管理標準作業流程〈增訂三版〉	420 元
104	採購談判與議價技巧〈增訂三版〉	420 元

《醫學保健叢書》

1	9 週加強免疫能力	320 元
3	如何克服失眠	320 元
4	美麗肌膚有妙方	320 元

5	減肥瘦身一定成功	360 元
6	輕鬆懷孕手冊	360 元
7	育兒保健手冊	360 元
8	輕鬆坐月子	360 元
11	排毒養生方法	360 元
13	排除體內毒素	360 元
14	排除便秘困擾	360 元
15	維生素保健全書	360 元
16	腎臟病患者的治療與保健	360 元
17	肝病患者的治療與保健	360 元
18	糖尿病患者的治療與保健	360 元
19	高血壓患者的治療與保健	360 元
22	給老爸老媽的保健全書	360 元
23	如何降低高血壓	360 元
24	如何治療糖尿病	360 元
25	如何降低膽固醇	360 元
26	人體器官使用說明書	360 元
27	這樣喝水最健康	360 元
28	輕鬆排毒方法	360 元
29	中醫養生手冊	360 元
30	孕婦手冊	360 元
31	育兒手冊	360 元
32	幾千年的中醫養生方法	360 元
34	糖尿病治療全書	360 元
35	活到 120 歲的飲食方法	360 元
36	7 天克服便秘	360 元
37	為長壽做準備	360 元
39	拒絕三高有方法	360 元
40	一定要懷孕	360 元
41	提高免疫力可抵抗癌症	360 元
42	生男生女有技巧〈增訂三版〉	360 元

《培訓叢書》

11	培訓師的現場培訓技巧	360 元
12	培訓師的演講技巧	360 元
15	戶外培訓活動實施技巧	360 元
17	針對部門主管的培訓遊戲	360 元
21	培訓部門經理操作手冊（增訂三版）	360 元
23	培訓部門流程規範化管理	360 元
24	領導技巧培訓遊戲	360 元

26	提升服務品質培訓遊戲	360 元
27	執行能力培訓遊戲	360 元
28	企業如何培訓內部講師	360 元
29	培訓師手冊（增訂五版）	420 元
30	團隊合作培訓遊戲(增訂三版)	420 元
31	激勵員工培訓遊戲	420 元
32	企業培訓活動的破冰遊戲（增訂二版）	420 元
33	解決問題能力培訓遊戲	420 元
34	情商管理培訓遊戲	420 元
35	企業培訓遊戲大全(增訂四版)	420 元
36	銷售部門培訓遊戲綜合本	420 元

《傳銷叢書》

4	傳銷致富	360 元
5	傳銷培訓課程	360 元
10	頂尖傳銷術	360 元
12	現在輪到你成功	350 元
13	鑽石傳銷商培訓手冊	350 元
14	傳銷皇帝的激勵技巧	360 元
15	傳銷皇帝的溝通技巧	360 元
19	傳銷分享會運作範例	360 元
20	傳銷成功技巧（增訂五版）	400 元
21	傳銷領袖（增訂二版）	400 元
22	傳銷話術	400 元
23	如何傳銷邀約	400 元

《幼兒培育叢書》

1	如何培育傑出子女	360 元
2	培育財富子女	360 元
3	如何激發孩子的學習潛能	360 元
4	鼓勵孩子	360 元
5	別溺愛孩子	360 元
6	孩子考第一名	360 元
7	父母要如何與孩子溝通	360 元
8	父母要如何培養孩子的好習慣	360 元
9	父母要如何激發孩子學習潛能	360 元
10	如何讓孩子變得堅強自信	360 元

《成功叢書》

1	猶太富翁經商智慧	360 元
2	致富鑽石法則	360 元
3	發現財富密碼	360 元

《企業傳記叢書》

1	零售巨人沃爾瑪	360 元
2	大型企業失敗啟示錄	360 元
3	企業併購始祖洛克菲勒	360 元
4	透視戴爾經營技巧	360 元
5	亞馬遜網路書店傳奇	360 元
6	動物智慧的企業競爭啟示	320 元
7	CEO 拯救企業	360 元
8	世界首富　宜家王國	360 元
9	航空巨人波音傳奇	360 元
10	傳媒併購大亨	360 元

《智慧叢書》

1	禪的智慧	360 元
2	生活禪	360 元
3	易經的智慧	360 元
4	禪的管理大智慧	360 元
5	改變命運的人生智慧	360 元
6	如何吸取中庸智慧	360 元
7	如何吸取老子智慧	360 元
8	如何吸取易經智慧	360 元
9	經濟大崩潰	360 元
10	有趣的生活經濟學	360 元
11	低調才是大智慧	360 元

《DIY 叢書》

1	居家節約竅門 DIY	360 元
2	愛護汽車 DIY	360 元
3	現代居家風水 DIY	360 元
4	居家收納整理 DIY	360 元
5	廚房竅門 DIY	360 元
6	家庭裝修 DIY	360 元
7	省油大作戰	360 元

《財務管理叢書》

1	如何編制部門年度預算	360 元
2	財務查帳技巧	360 元
3	財務經理手冊	360 元
4	財務診斷技巧	360 元
5	內部控制實務	360 元
6	財務管理制度化	360 元
7	財務部流程規範化管理	360 元
8	財務部流程規範化管理	360 元
9	如何推動利潤中心制度	360 元

為方便讀者選購，本公司將一部分上述圖書又加以專門分類如下：

《主管叢書》

1	部門主管手冊（增訂五版）	360 元
2	總經理手冊	420 元
4	生產主管操作手冊（增訂五版）	420 元
5	店長操作手冊（增訂六版）	420 元
6	財務經理手冊	360 元
7	人事經理操作手冊	360 元
8	行銷總監工作指引	360 元
9	行銷總監實戰案例	360 元

《總經理叢書》

1	總經理如何經營公司(增訂二版)	360 元
2	總經理如何管理公司	360 元
3	總經理如何領導成功團隊	360 元
4	總經理如何熟悉財務控制	360 元
5	總經理如何靈活調動資金	360 元
6	總經理手冊	420 元

《人事管理叢書》

1	人事經理操作手冊	360 元
2	員工招聘操作手冊	360 元
3	員工招聘性向測試方法	360 元
5	總務部門重點工作（增訂三版）	400 元
6	如何識別人才	360 元
7	如何處理員工離職問題	360 元
8	人力資源部流程規範化管理（增訂四版）	420 元
9	面試主考官工作實務	360 元
10	主管如何激勵部屬	360 元
11	主管必備的授權技巧	360 元
12	部門主管手冊（增訂五版）	360 元

《理財叢書》

1	巴菲特股票投資忠告	360 元
2	受益一生的投資理財	360 元
3	終身理財計劃	360 元
4	如何投資黃金	360 元
5	巴菲特投資必贏技巧	360 元
6	投資基金賺錢方法	360 元
7	索羅斯的基金投資必贏忠告	360 元

8	巴菲特為何投資比亞迪	360 元

《網路行銷叢書》

1	網路商店創業手冊〈增訂二版〉	360 元
2	網路商店管理手冊	360 元
3	網路行銷技巧	360 元
4	商業網站成功密碼	360 元
5	電子郵件成功技巧	360 元

6	搜索引擎行銷	360 元

《企業計劃叢書》

1	企業經營計劃〈增訂二版〉	360 元
2	各部門年度計劃工作	360 元
3	各部門編制預算工作	360 元
4	經營分析	360 元
5	企業戰略執行手冊	360 元

請保留此圖書目錄：

　　　　未來在長遠的工作上，此圖書目錄

可能會對您有幫助！！

> # 如何藉助流程改善，
>
> ## 提升企業績效？

敬請參考下列各書，內容保證精彩：
- 透視流程改善技巧（380 元）
- 工廠管理標準作業流程（420 元）
- 商品管理流程控制（420 元）
- 如何改善企業組織績效（360 元）
- 診斷改善你的企業（360 元）

　　上述各書均有在書店陳列販賣，若書店賣完而來不及由庫存書補充上架，請讀者直接向店員詢問、購買，最快速、方便！購買方法如下：

　　銀行名稱：合作金庫銀行　敦南分行(代碼：006)

　　帳號：5034-717-347-447

　　公司名稱：憲業企管顧問有限公司

　　郵局劃撥帳號：18410591

在海外出差的⋯⋯⋯⋯
臺灣上班族
不斷學習，持續投資在自己的競爭力，最划得來的⋯⋯

愈來愈多的台灣上班族，到海外工作（或海外出差），對工作的努力與敬業，是台灣上班族的核心競爭力；一個明顯的例子，返台休假期間，台灣上班族都會抽空再買書，設法充實自身專業能力。

[憲業企管顧問公司]以專業立場，為企業界提供專業咨詢，並提供最專業的各種經營管理類圖書。

85%的台灣上班族都曾經有過購買（或閱讀）[憲業企管顧問公司]所出版的各種企管圖書。

建議你：工作之餘要多看書，加強競爭力。

建立企業圖書館

當市場競爭激烈時：

培訓員工，強化員工競爭力
是企業最佳對策

「人才」是企業最大的財富。如何提升人才，是企業永續經營、戰勝對手的核心競爭力。積極培訓公司內部員工，是經濟不景氣時期的最佳戰略，而最快速的具體作法，就是「建立企業內部圖書館，鼓勵員工多閱讀、多進修專業書藉」

建議您：請一次購足本公司所出版各種經營管理類圖書，作為貴公司內部員工培訓圖書。 使用率高的（例如「贏在細節管理」），準備 3 本；使用率低的（例如「工廠設備維護手冊」），只買 1 本。

給總經理的話

　　總經理公事繁忙，還要設法擠出時間，赴外上課進修學習，努力不懈，力爭上游。

　　總經理拚命充電，但是員工呢？

　　公司的執行仍然要靠員工，為什麼不要讓員工一起進修學習呢？

　　買幾本好書，交待員工一起讀書，或是買好書送給員工當禮品。簡單、立刻可行，多好的事！

經營顧問叢書 ㉗　　　　售價：420 元

客戶管理應用技巧

西元二〇一七年十月　　　　　　初版一刷

編著：劉宗易

策劃：麥可國際出版有限公司（新加坡）

編輯：蕭玲

校對：劉飛娟

發行人：黃憲仁

發行所：憲業企管顧問有限公司

電話：(02) 2762-2241　　(03) 9310960　　0930872873

電子郵件聯絡信箱：huang2838@yahoo.com.tw

銀行 ATM 轉帳：合作金庫銀行　　帳號：5034-717-347447

郵政劃撥：18410591　　憲業企管顧問有限公司

江祖平律師顧問：紙品書、數位書著作權與版權均歸本公司所有

登記證：行政業新聞局版台業字第 6380 號

　　本公司徵求海外版權出版代理商（0930872873）